儿童Office+Photoshop第一课

— 🗗 ✕

Excel 篇

王晓芬 李矛 高博 编著　　　　草涂社 绘

电子工业出版社.

Publishing House of Electronics Industry

北京·BEIJING

内容提要

基于 Windows 操作系统的 Office 电子表格软件 Excel 是常用的办公软件之一。本书联系少儿的日常学习生活设计了 5 个使用 Excel 完成的任务，分别是：制作学习计划表，制作班级通讯录，学会理财，制作单词记忆表，制作班级成绩统计分析单。本书使用了 Excel 中大部分基础功能，内容丰富，每个任务都有情景设置、详细的图文操作步骤、知识拓展和亲子练习，还设计了生活化的问题引发少儿的思考，旨在激发少儿的学习兴趣，助力少儿思想品德的发展。

本书适合想培养孩子学习办公软件的家长与孩子共读，也适合少儿计算机课程相关的教师、学生参考。

Office 办公软件是一款应用非常广泛的计算机软件，常用组件有 Word、Excel、PowerPoint（PPT）等。Excel 一般用于制作表格，界面简洁干净，有很多实用且强大的功能，操作人性化，所以使用的人群非常广，在大部分孩子未来的工作学习中都会接触到，甚至需要专业地去学习。

Excel 的使用虽然简单，但相对 Word 和 PowerPoint 来说，理解和掌握都会比较难，需要反复地练习，所以本书有针对性地设计了 5 个有趣的任务，其中用到了大部分 Excel 的功能，适合孩子跟着书上的步骤边学习边操作。在任务中学习，不但能让孩子有目标地多次使用某个功能，还能让孩子学会如何让功能之间相互配合起来，最后创作出一个完整的作品，获得成就感的同时也鼓励了孩子学习的信心。

在 Excel 中，虽然每个功能的效果是确定的，但是它有多种用法，所以在每个任务完成后，本书还会介绍一些拓展知识，启发读者自主尝试使用，起到举一反三的效果。更进一步，本书在亲子练习模块中设计了练习题目，孩子可以在家长的陪同下模仿任务的实现过程，另外制作出一个作品，起到加深巩固的效果。

书中有两个好朋友将陪伴大家的整个学习过程，一个叫玥玥，是一个可爱的学生，另一个叫小咪老师，是一只精通 Office 办公软件的猫咪。每次玥玥遇到一些事情，需要使用 Excel 制作一些电子表格的时候，她就会去找小咪老师请教制作的方法，大家可以和玥玥一起跟着小咪老师学习。在制作的过程中，玥玥遇到不懂的问题也会问小咪老师，小咪老师会耐心地解答她的问题，有时他们也会讨论问题，例如公益活动有哪些、劳动节的由来等，非常欢迎读者小朋友和他们一起讨论。让我们一起快乐地开启 Excel 的学习之旅吧！

目录
Contents

任务 一

制作学习计划表

制作学习计划表

小咪老师，我终于可以学钢琴和绘画了！但是事情一多就不知道怎么安排了。

 你可以制作一个学习计划表。

 学习计划表？小咪老师可以教我怎么做吗？

当然可以啦！我来教你！

制作每日总结部分

学习计划表对齐格式设置

做好准备

新建工作表

创建并保存 Excel 表格

制作学习计划表

复制学习计划表

制作学习计划表标题

安排学习计划

制作学习计划表框架

调整学习计划表的行高、列宽及显示比例

美化学习计划表

制作学习计划部分表头

按学习计划表学习，并填写总结

做好准备

首先明确要制作的学习计划表覆盖的时间段，但是把一个月的学习计划放在一张表格里会过于复杂，因此以星期为单位，制作 4 张学习计划表来安排每个月的学习任务。

每周的学习计划表包含以下部分。

标题

时间（表头）

学习计划部分

□□□□□□学习计划表

时间		4月1日 星期一	4月2日 星期二	4月3日 星期三	4月4日 星期四	4月5日 星期五	4月6日 星期六	4月7日 星期日
上午	09:00—09:40							
	09:50—10:30							
	10:40—11:20							
下午	14:00—14:40							
	14:50—15:30							
	15:40—16:20							
晚	18.30—19:10							
	19:20—20:00							

每日总结

日总结：
星期一：
星期二：
星期三：
星期四：
星期五：
星期六：
星期日：

□□□□周总结：

□□□□月总结

学习任务区域

周总结   **月总结**   **学习总结部分**

- 标题：居中填写在整个表格的最上方，一般标题的字号要比正文大。标题代表了整个表格的功能，信息要尽可能详细。例如"刘茜茜四月第 1 周学习计划表"，点明了实行者是刘茜茜，时间段是四月第 1 周，表格的功能是计划学习任务。

- 时间（表头）：表格的第 1 行（不计标题行）是日期，第 2 行（不计标题行）是星期，代表每一列的日期和星期；第 1 列是大时间段（上午、下午、晚上），第 2 列是具体的小时间段，代表每一行在一天中的哪一时间段。整个时间部分是学习计划的表头。

- 学习任务区域：填写具体学习任务的区域，每个学习任务完成的时间段可以从该任务所在单元格对应的行和列的表头中查找，反过来也可以根据行列表头中的时间段查找相应需要完成的学习任务。

- 学习总结部分：学习总结部分包括每日总结、周总结和月总结，每一项对应的单元格中也需要小标题。其中，每日总结包含 7 行，对应 7 天；周总结在每个周计划表中有一栏，填写本周的学习总结；而月总结只在每月最后一周的学习计划表中出现，用于填写过去一个月的学习总结。

除了学习计划表的结构，我们还要学会合理安排学习计划。如果没有相关经验可以先问问老师或家长，听听他们的建议，有目的地制订学习计划。

创建并保存 Excel 表格

首先，在开始菜单里找到 Excel 表格，并启动。

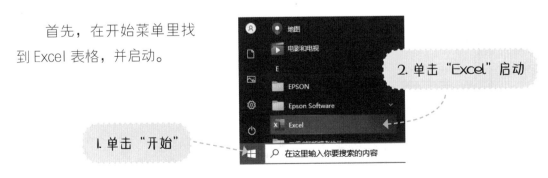

2. 单击 "Excel" 启动

1. 单击 "开始"

启动 Excel 后，新建空白工作簿。

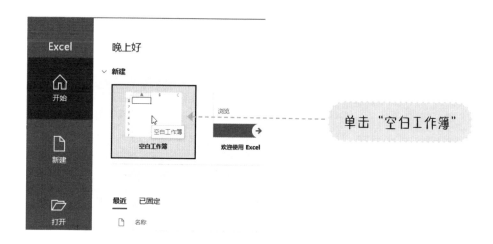

单击"空白工作簿"

这时可以看到 Excel 的工作界面。

列标

快速访问工具栏　　标题栏　　编辑栏　　控制按钮栏　　功能区

行号　　工作表标签　　单元格区域　　状态栏　　滚动条

下面对工作界面进行简单的介绍。

● 快速访问工具栏：用于添加常用命令，包括保存、撤销、回复。单击快速访问工具栏右侧的下拉按钮 ▼ 可以展开下拉菜单，在其中可以添加其他常用命令。

● 标题栏：显示当前文档名和软件名，如：工作簿1-Excel，表示文档名称是"工作簿1"，使用的软件是 Excel。

● 控制按钮栏：包括用户、功能区显示选项、整个窗口的最小化、向下还原（最大化）和关闭按钮。

● 功能区：通过选项卡对命令进行分组显示，Excel 中的常用功能都在这里面。

● 编辑栏：编辑栏左侧是名称框，显示当前选中单元格的位置，或选中矩形区域左上角单元格的位置；编辑栏右侧是编辑框，显示当前选中单元格中的内容，用户可以在编辑框中对当前选中单元格进行编辑。

● 列标：列标是每一列的编号，一般用字母表示，如 A 列，代表从左往右数的第 1 列。

● 行号：行号是每一行编号，一般用阿拉伯数字表示，比如 3 行，代表从上往下数的第 3 行。

● 单元格区域：每张工作表都被等间距地划分成若干小格，每一小格就是一个单元格。

● 滚动条：用于显示正在编辑的文档的位置。

● 工作表标签：一个工作簿可以包含多个工作表，每个工作表在这一栏都对应一个标签。

● 状态栏：显示正在编辑的单元格的状态。状态栏中包括切换页面布局按钮和缩放滑块。

为了准确定位，表格中每个单元格或单元格区域都有名称，如 C7 单元格，代表第 3 列、第 7 行所对应的单元格；A1：C7 单元格区域，表示左上角为 A1

单元格，右下角为 C7 单元格，长为 3、宽为 7 的矩形区域。

按照上面的步骤新建的 Excel 表格是没有保存的，所以要通过"文件"中的"另存为"进行保存。

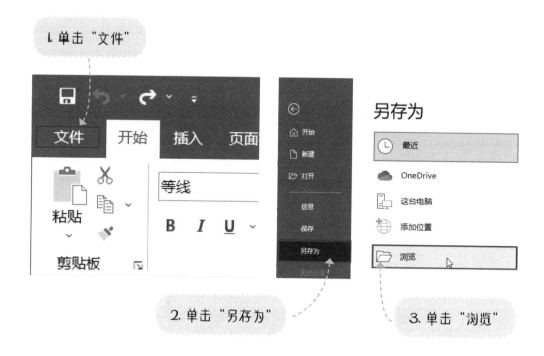

1. 单击"文件"

2. 单击"另存为"

3. 单击"浏览"

通过"浏览"找到文件保存的位置，例如选择"桌面"保存文件。

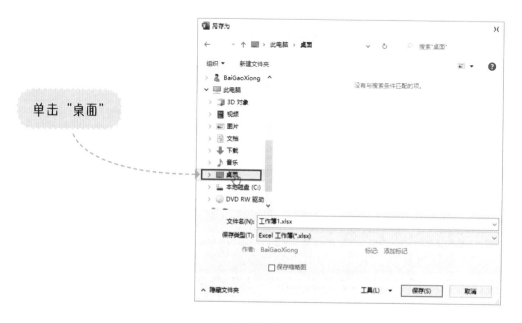

单击"桌面"

根据内容给文件命名，例如"刘茜茜四月学习计划表"。清晰准确的文件名能够方便辨认。

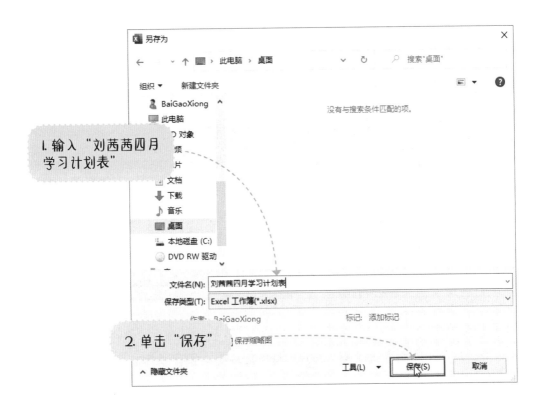

在制作的过程中要及时使用快速访问工具栏中的保存按钮或使用快捷键"Ctrl + S"进行保存。

制作学习计划表标题

首先选中放置标题的矩形区域 A1：I1 单元格。

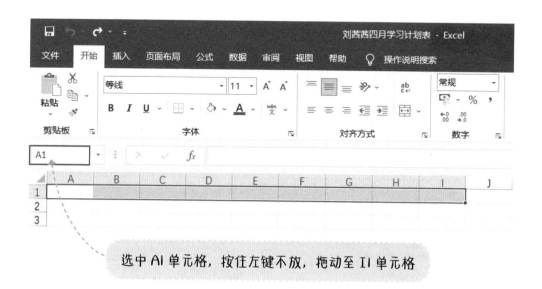

选中 A1 单元格，按住左键不放，拖动至 I1 单元格

将选中区域内的单元格合并为一个单元格，合并后的单元格的对齐方式是居中对齐。

单击"合并后居中"

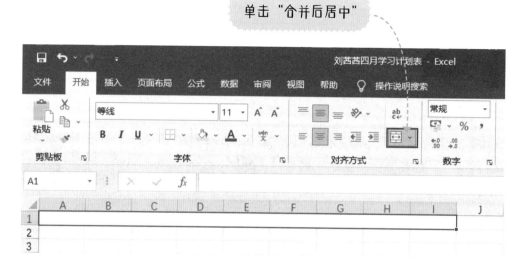

在合并后的单元格内输入标题。选中合并后的单元格，通过键盘直接输入。输入结束后可以任意单击其他单元格或按"Enter"键结束当前单元格的编辑表格标题状态。

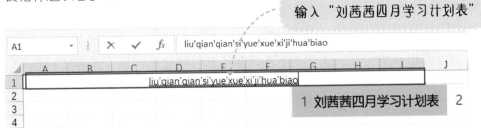

输入"刘茜茜四月学习计划表"

计划为每一周一个计划表，因此标题中应该补充上"第1周"。补充字符时不能选中单元格后直接输入，这样的话新内容会将原来的内容覆盖。

补充字符共有两个方法，第一种是双击单元格，此时单元格内会出现光标，就可以补充字符了。

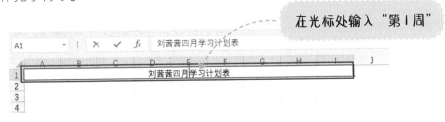

在光标处输入"第1周"

同样，任意单击其他单元格或按"Enter"键结束编辑。

第二种是使用编辑栏。在名称框内输入单元格的位置后，在编辑框中修改单元格中的内容。合并后的单元格用合并区域左上角单元格的位置命名。

1. 输入"A1"

2. 在光标处输入"第1周"

制作学习计划表框架

首先利用"边框"功能将计划表需要的部分框起来。学习计划部分详细地安排了每天每个时间段的学习任务，所以要把每一格都框起来。

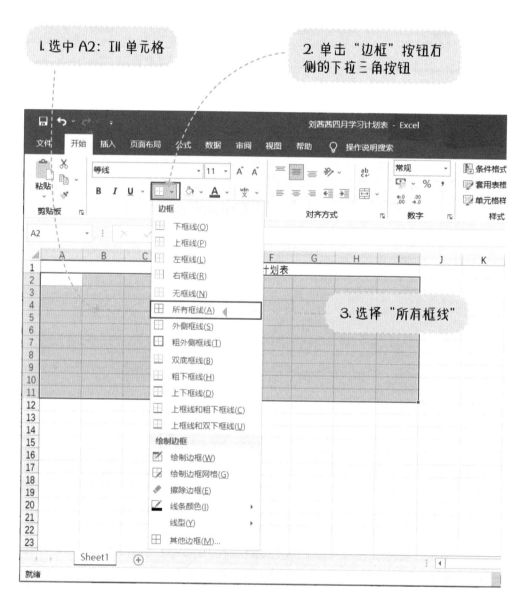

然后将每日总结区域框出来。

2. 单击"边框"按钮右侧的下拉三角按钮

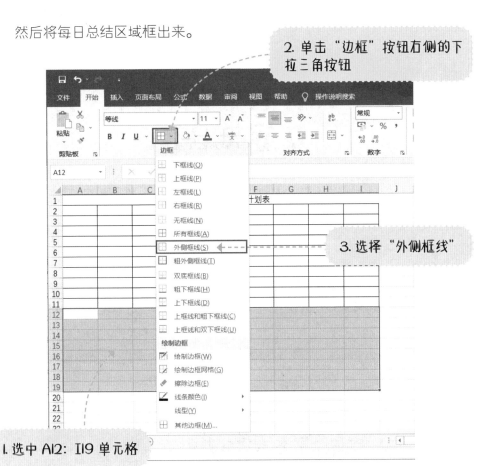

3. 选择"外侧框线"

1. 选中 A12: I19 单元格

同样把每周总结区域框出来，最后得到如下图所示的样式。

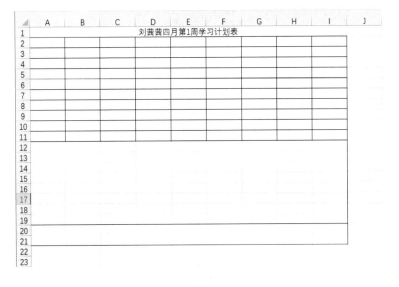

调整学习计划表的行高、列宽及显示比例

现在的计划表看起来比较扁，我们可以通过设置调整表格的行高。

3. 选择"行高"

2. 单击"格式"

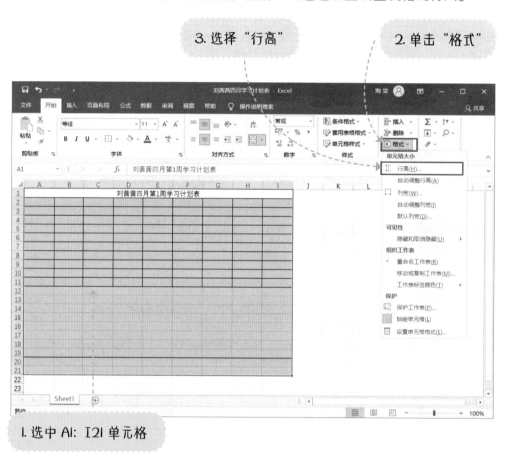

1. 选中 A1: I21 单元格

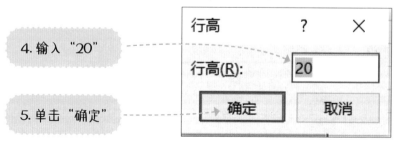

4. 输入"20"

行高	?	✕

行高(R):   20

5. 单击"确定"

确定   取消

同样，设置单元格的列宽。

2. 单击"格式"

3. 选择"列宽"

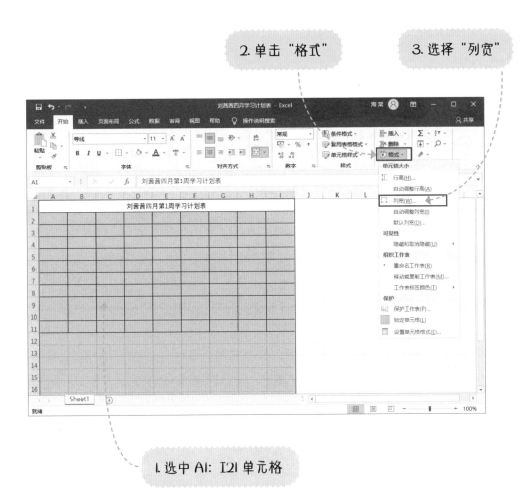

1. 选中 A1: I21 单元格

4. 输入"10"

5. 单击"确定"

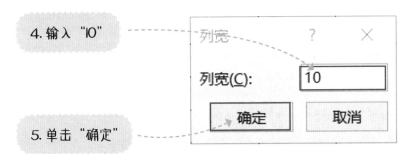

按同样的方法，将 1 行的高度设置为 30，A 列的宽度设置为 5，B 列的宽度设置为 15。

单击行号和列标可以选中整行整列

当窗口无法完整地显示计划表时，可以将页面最大化，如果仍然无法完全显示，可以调整显示比例，直到完全显示。如果不需要全部显示，就可以拉动滚动条找到需要编辑的位置。

1. 单击"最大化"按钮

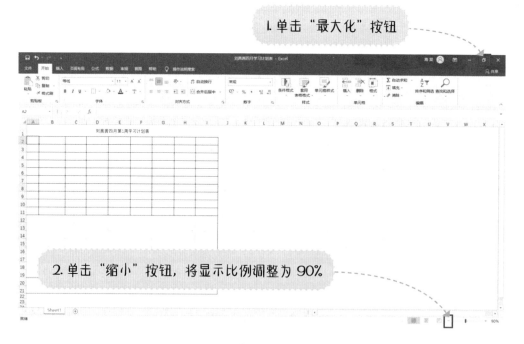

2. 单击"缩小"按钮，将显示比例调整为 90%

第6步

制作学习计划部分表头

首先将 A2：B3 单元格合并，并填入"时间"。

3. 输入"时间"

2. 单击"合并后居中"

1. 选中 A2：B3 单元格

将 A4:A6、A7:A9、A10:A11 单元格分别合并，依次填入"上午""下午""晚上"。

将这 3 个合并单元格的文字排版方向改为竖向。

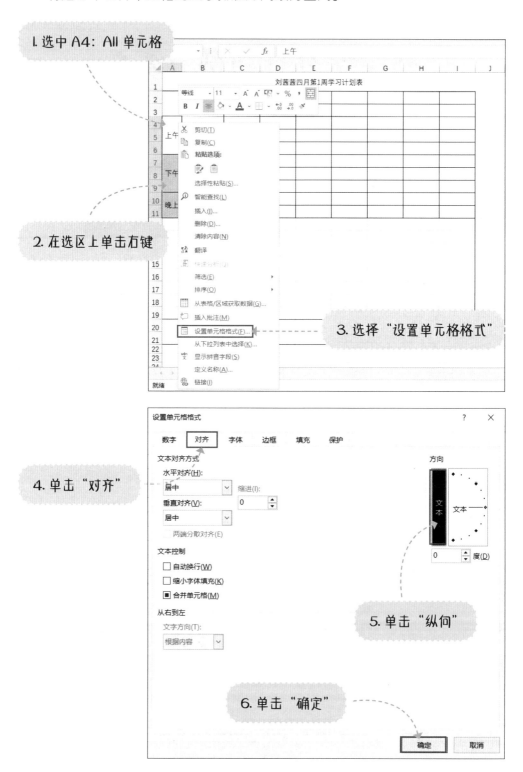

1. 选中 A4: A11 单元格

2. 在选区上单击右键

3. 选择"设置单元格格式"

4. 单击"对齐"

5. 单击"纵向"

6. 单击"确定"

在 B4：B11 单元格内填入具体的时间段后，每行的表头就做好了。

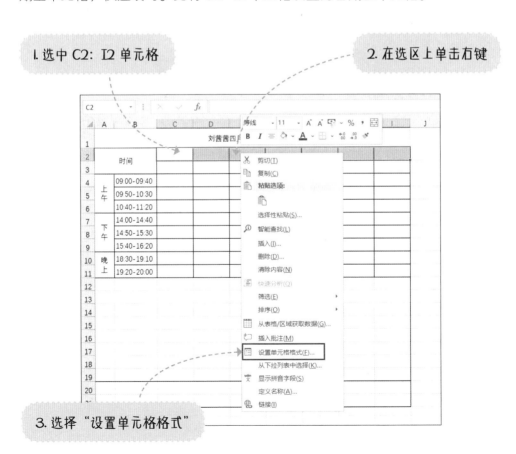

每列的表头填写的是日期和星期，可以将单元格设置为日期型单元格和星期型单元格，快速填写。先将 C2：I2 单元格设置为日期型单元格。

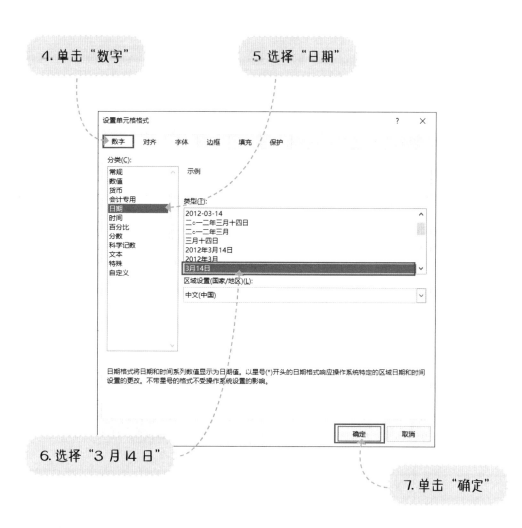

1. 单击"数字"

5 选择"日期"

6. 选择"3月14日"

7. 单击"确定"

在C2单元格内输入"4/5"并结束编辑，就会发现表格内自动生成了"4月5日"的字样。

接下来，可以利用自动填充功能填写连续的日期。

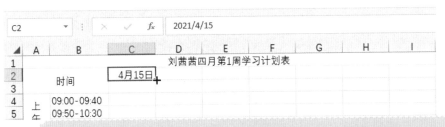

选中 C2 单元格，将光标放至 C2 单元格右下角，此时光标改变样式

按住鼠标左键不放，拖曳至 I2 单元格

类似地，将 C3：I3 单元格改为日期分类中的"星期三"类型。

在C3单元格中填入"2"并结束编辑，单元格内就会自动生成"星期一"。

| C4 | ▼ : ✕ ✓ f_x | | | | | | | |

	A	B	C	D	E	F	G	H	I	J
1			刘茜茜四月第1周学习计划表							
2		时间	4月5日	4月6日	4月7日	4月8日	4月9日	4月10日	4月11日	
3			星期一							
4	上午	09:00-09:40								
5		09:50-10:30								

使用自动填充功能将剩余的星期填入。

| C3 | ▼ : ✕ ✓ f_x | 1900/1/2 | | | | | | | |

	A	B	C	D	E	F	G	H	I	J
1			刘茜茜四月第1周学习计划表							
2		时间	4月5日	4月6日	4月7日	4月8日	4月9日	4月10日	4月11日	
3			星期一	星期二	星期三	星期四	星期五	星期六	星期日	
4	上午	09:00-09:40								
5		09:50-10:30								

这样，学习计划表的表头就制作完成了。

| R16 | ▼ : ✕ ✓ f_x | | | | | | | |

	A	B	C	D	E	F	G	H	I	J
1			刘茜茜四月第1周学习计划表							
2		时间	4月5日	4月6日	4月7日	4月8日	4月9日	4月10日	4月11日	
3			星期一	星期二	星期三	星期四	星期五	星期六	星期日	
4	上午	09:00-09:40								
5		09:50-10:30								
6		10:40-11:20								
7	下午	14:00-14:40								
8		14:50-15:30								
9		15:40-16:20								
10	晚上	18:30-19:10								
11		19:20-20:00								
12										
13										

第7步

制作每日总结部分

将 A12：I12 单元格合并作为小标题行，这里用到"合并单元格"功能，这样合并后的单元格的居中方式就是左对齐。

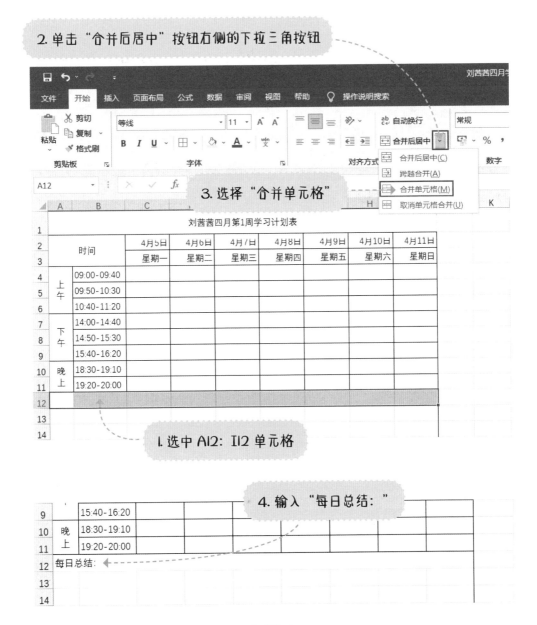

2. 单击"合并后居中"按钮右侧的下拉三角按钮

3. 选择"合并单元格"

1. 选中 A12：I12 单元格

4. 输入"每日总结："

每天的总结内容各占一行，逐行合并单元格操作比较烦琐，可以使用"跨越合并"功能。

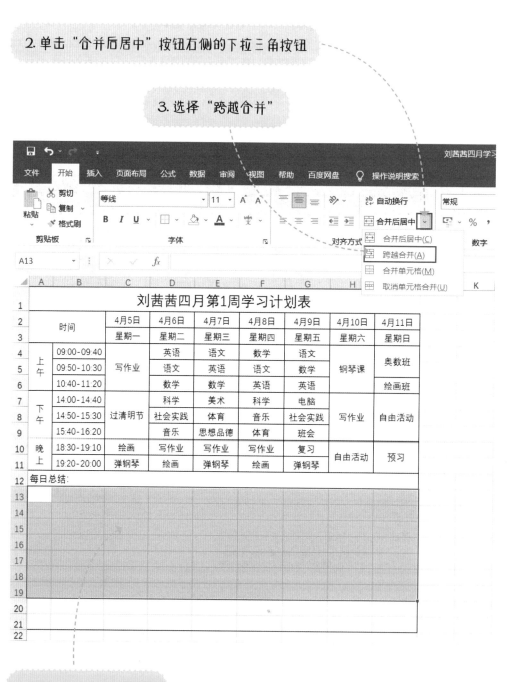

2. 单击"合并后居中"按钮右侧的下拉三角按钮

3. 选择"跨越合并"

1. 选中 A13：I19 单元格

10	晚	18:30-19:10							
11	上	19:20-20:00							
12	每日总结:								
13	星期一:								
14	星期二:								
15	星期三:								
16	星期四:								
17	星期五:								
18	星期六:								
19	星期日:								
20									
21									

4. 在每行中输入星期

玥玥知道在清明节要做什么吗？

我知道！要去扫墓，还会去春游踏青。

玥玥真棒！除此以外，清明节还是春耕春种的大好时机。小朋友们，你们是如何过清明节的呢？

将 A20：I21 单元格合并后左对齐，并填入"四月第 1 周总结： "。

17	星期五:	
18	星期六:	
19	星期日:	
20	四月第1周总结:	
21		
22		
23		

计划表对齐格式设置

为了使表格更清晰，将学习计划部分所有的单元格统一成居中对齐。

2. 单击两次"居中"按钮

1. 选中 A2:I11 单元格

	时间	4月5日 星期一	4月6日 星期二	4月7日 星期三	4月8日 星期四	4月9日 星期五	4月10日 星期六	4月11日 星期日
4	上午	09:00-09:40						
5		09:50-10:30						
6		10:40-11:20						
7	下午	14:00-14:40						
8		14:50-15:30						
9		15:40-16:20						
10	晚上	18:30-19:10						
11		19:20-20:00						
12	每日总结							
13	星期一:							

3. 单击"自动换行"

周总结内容较多，因此将周总结单元格设置为"顶端对齐"，并设置"自动换行"。

2. 单击"顶端对齐"按钮

1. 选中每周总结单元格

	时间	4月5日 星期一	4月6日 星期二	4月7日 星期三	4月8日 星期四	4月9日 星期五	4月10日 星期六	4月11日 星期日
4	上午	09:00-09:40						
5		09:50-10:30						
6		10:40-11:20						
7	下午	14:00-14:40						
8		14:50-15:30						
9		15:40-16:20						
10	晚上	18:30-19:10						
11		19:20-20:00						
12	每日总结							
13	星期一:							
14	星期二:							
15	星期三:							
16	星期四:							
17	星期五:							
18	星期六:							
19	星期日:							
20	四月第1周总结:							

新建工作表

为了制作整个四月的学习计划，需要4张一样的表格，因此在工作簿中新增3个工作表。

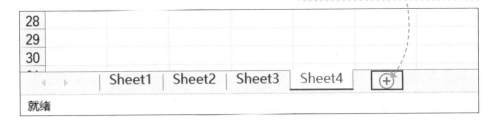

单击3次"新建工作表"按钮

为每一个工作表重新命名。

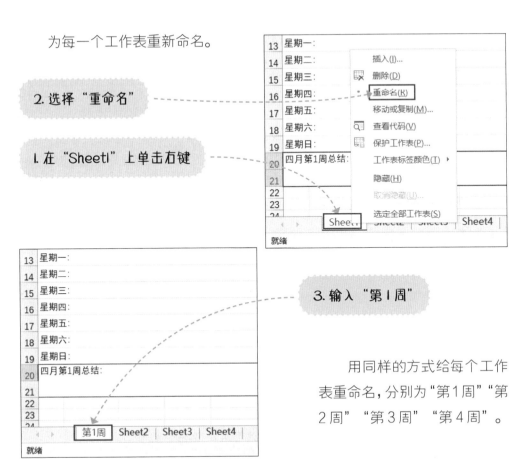

2. 选择"重命名"

1. 在"Sheet1"上单击右键

3. 输入"第1周"

用同样的方式给每个工作表重命名，分别为"第1周""第2周""第3周""第4周"。

复制计划表

　　将制作好的第1周计划表复制粘贴到后三周。普通的复制粘贴不带有原表格的行高和列宽，所以这里要使用"选择性粘贴"。首先选中第1周计划表所在的所有行。

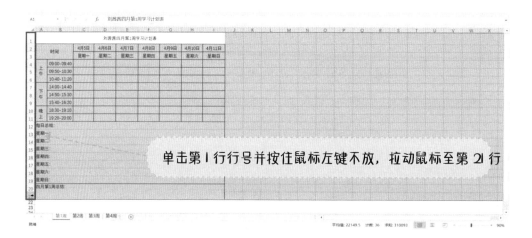

单击第1行行号并按住鼠标左键不放，拉动鼠标至第21行

　　将整个选区复制，并在"第2周"工作表中粘贴。

2. 选择"复制"

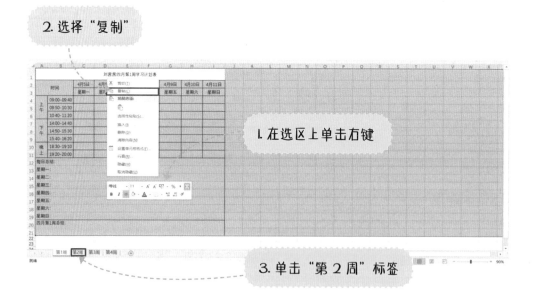

1. 在选区上单击右键

3. 单击"第2周"标签

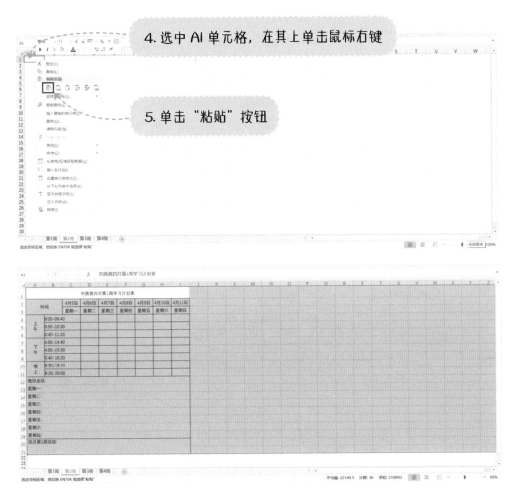

4. 选中 A1 单元格，在其上单击鼠标右键

5. 单击"粘贴"按钮

粘贴过来的表格行高和"第1周"中的一致，但是列宽不同，因此要把列宽再次粘贴过来。注意在第一次粘贴之后不要取消选择。

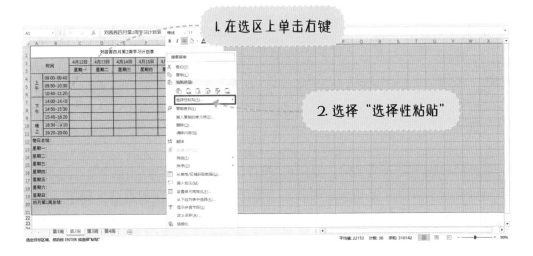

1. 在选区上单击右键

2. 选择"选择性粘贴"

3. 单击"列宽"

4. 单击"确定"

这样，完整的表格就被粘贴到"第2周"的工作表中了。

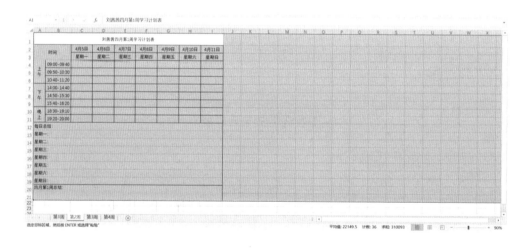

此时标题和每周总结中仍显示"第1周"，将其改为"第2周"。用同样的方法粘贴出第3周和第4周的计划表，并在第4周计划表最下面增加"四月总结："。

刘露露四月第3周学习计划表

时间		4月19日星期一	4月20日星期二	4月21日星期三	4月22日星期四	4月23日星期五	4月24日星期六	4月25日星期日
上午	09:00-09:40							
	09:50-10:30							
	10:40-11:20							
下午	14:00-14:40							
	14:50-15:30							
	15:40-16:20							
晚上	18:30-19:10							
	19:20-20:00							
每日总结								
星期一								
星期二								
星期三								
星期四								
星期五								
星期六								
星期日								
四月第3周总结:								

第1周　第2周　第3周　第4周

刘露露四月第4周学习计划表

时间		4月26日星期一	4月27日星期二	4月28日星期三	4月29日星期四	4月30日星期五	5月1日星期六	5月2日星期日
上午	09:00-09:40							
	09:50-10:30							
	10:40-11:20							
下午	14:00-14:40							
	14:50-15:30							
	15:40-16:20							
晚上	18:30-19:10							
	19:20-20:00							
每日总结								
星期一								
星期二								
星期三								
星期四								
星期五								
星期六								
星期日								
四月第4周总结								
四月总结								

第1周　第2周　第3周　第4周

第II步

安排学习计划

安排学习计划时，首先合并安排特殊时间，例如 4 月 5 日属于清明假期，上午安排写作业，下午安排过清明节。按同样的方式合理地安排周末。

1. 合并 C4：C6 单元格并输入"写作业"

2. 合并 C7：C9 单元格并输入"过清明节"

		A	B	C	D	E	F	G	H	I	J
1		刘茜茜四月第1周学习计划表									
2		时间		4月5日	4月6日	4月7日	4月8日	4月9日	4月10日	4月11日	
3				星期一	星期二	星期三	星期四	星期五	星期六	星期日	
4		上午	09:00-09:40	写作业					钢琴课	奥数班	
5			09:50-10:30								
6			10:40-11:20							绘画班	
7		下午	14:00-14:40	过清明节					写作业	自由活动	
8			14:50-15:30								
9			15:40-16:20								
10		晚上	18:30-19:10						自由活动	预习	
11			19:20-20:00								
12		每日总结：									
13		星期一：									

接着根据课程表安排上课期间的学习计划。

R16					fx							
		A	B	C	D	E	F	G	H	I	J
1		刘茜茜四月第1周学习计划表									
2		时间		4月5日	4月6日	4月7日	4月8日	4月9日	4月10日	4月11日	
3				星期一	星期二	星期三	星期四	星期五	星期六	星期日	
4		上午	09:00-09:40	写作业	英语	语文	数学	语文	钢琴课	奥数班	
5			09:50-10:30		语文	英语	语文	数学			
6			10:40-11:20		数学	数学	英语	英语		绘画班	
7		下午	14:00-14:40	过清明节	科学	美术	科学	电脑	写作业	自由活动	
8			14:50-15:30		社会实践	体育	音乐	社会实践			
9			15:40-16:20		音乐	思想品德	体育	班会			
10		晚上	18:30-19:10						自由活动	预习	
11			19:20-20:00								
12		每日总结：									
13		星期一：									

除了特殊情况，晚上回来的第一件事都是写作业。相邻单元格要输入同样的文字可以使用自动填充功能快速输入。

		A	B	C	D	E	F	G	H	I	J
1		刘茜茜四月第1周学习计划表									
2		时间		4月5日	4月6日	4月7日	4月8日	4月9日	4月10日	4月11日	
3				星期一	星期二	星期三	星期四	星期五	星期六	星期日	
4		上午	09:00-09:40	写作业	英语	语文	数学	语文	钢琴课	奥数班	
5			09:50-10:30		语文	英语	语文	数学			
6			10:40-11:20		数学	数学	英语	英语		绘画班	
7		下午	14:00-14:40	过清明节	科学	美术	科学	电脑	写作业	自由活动	
8			14:50-15:30		社会实践	体育	音乐	社会实践			
9			15:40-16:20		音乐	思想品德	体育	班会			
10		晚上	18:30-19:10		写作业				自由活动	预习	
11			19:20-20:00			写作业					
12		每日总结：									
13		星期一：									

剩余的部分就根据具体情况灵活安排，例如，周五晚上回来可以计划复习这周的学习内容。

按照同样的方式安排第2周、第3周、第4周的学习计划。

刘茜茜四月第1周学习计划表

时间		4月5日 星期一	4月6日 星期二	4月7日 星期三	4月8日 星期四	4月9日 星期五	4月10日 星期六	4月11日 星期日
上午	09:00-09:40	写作业	英语	数学	语文	语文	钢琴课	奥数班
	09:50-10:30		语文	英语	语文	数学		
	10:40-11:20		数学	数学	英语	英语		绘画班
下午	14:00-14:40	过清明节	科学	美术	科学	电脑	写作业	自由活动
	14:50-15:30		社会实践	体育	音乐	社会实践		
	15:40-16:20		音乐	思想品德	体育	班会		
晚上	18:30-19:10	绘画	写作业	写作业	写作业	复习	自由活动	预习
	19:20-20:00	弹钢琴	绘画	弹钢琴	绘画	弹钢琴		
每日总结：								
星期一								

刘茜茜四月第2周学习计划表

时间		4月12日 星期一	4月13日 星期二	4月14日 星期三	4月15日 星期四	4月16日 星期五	4月17日 星期六	4月18日 星期日
上午	09:00-09:40	数学	英语	语文	数学	语文	钢琴课	复习
	09:50-10:30	英语	语文	英语	语文	数学		
	10:40-11:20	语文	数学	数学	英语	英语		绘画班
下午	14:00-14:40	体育	科学	美术	科学	电脑	写作业	自由活动
	14:50-15:30	美术	社会实践	体育	音乐	社会实践		
	15:40-16:20	电脑	音乐	思想品德	体育	班会		
晚上	18:30-19:10	写作业	写作业	写作业	写作业	复习	自由活动	复习
	19:20-20:00	绘画	弹钢琴	绘画	弹钢琴	绘画		
每日总结：								
星期一								

刘茜茜四月第3周学习计划表

时间		4月19日 星期一	4月20日 星期二	4月21日 星期三	4月22日 星期四	4月23日 星期五	4月24日 星期六	4月25日 星期日
上午	09:00-09:40	数学	英语	语文	数学	语文	钢琴课	奥数班
	09:50-10:30	英语	语文	英语	语文	数学		
	10:40-11:20	语文	数学	数学	英语	英语		练字
下午	14:00-14:40	体育	科学	美术	科学	电脑	写作业	自由活动
	14:50-15:30	美术	社会实践	体育	音乐	社会实践		
	15:40-16:20	电脑	音乐	思想品德	体育	班会		绘画班
晚上	18:30-19:10	写作业	写作业	写作业	写作业	复习	自由活动	预习
	19:20-20:00	弹钢琴	绘画	弹钢琴	绘画	弹钢琴		
每日总结：								
星期一								

刘茜茜四月第4周学习计划表

时间		4月26日 星期一	4月27日 星期二	4月28日 星期三	4月29日 星期四	4月30日 星期五	5月1日 星期六	5月2日 星期日
上午	09:00-09:40	数学考试	英语考试	语文考试	数学	语文	钢琴考级	奥数班
	09:50-10:30				语文	数学		
	10:40-11:20				英语	英语		练字
下午	14:00-14:40	体育	科学	美术	科学	电脑	写作业	自由活动
	14:50-15:30	美术	社会实践	体育	音乐	社会实践		
	15:40-16:20	电脑	音乐	思想品德	体育	班会		绘画班
晚上	18:30-19:10	写作业	写作业	写作业	写作业	复习	自由活动	预习
	19:20-20:00	弹钢琴	绘画	弹钢琴	绘画	弹钢琴		
每日总结：								
星期一								

美化计划表

首先是设置字体，将标题的字体设置为"方正楷体 _GBK"。

1. 选中标题单元格

2. 单击字体旁边的下拉三角按钮

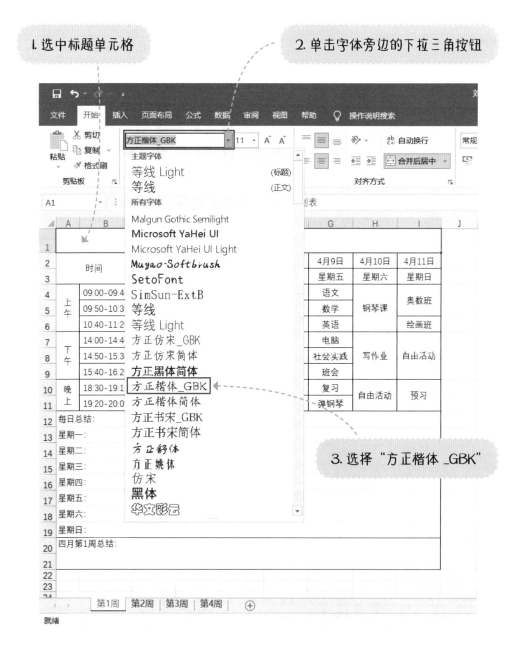

3. 选择"方正楷体 _GBK"

再将标题的字号设置为"18"。

1.单击字号旁边的下拉三角按钮

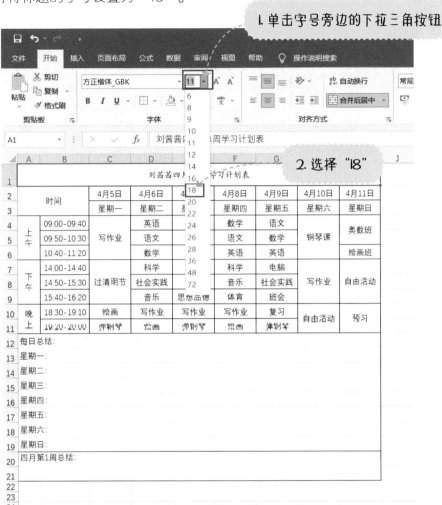

2.选择"18"

在字体设置中，通过单击 **B** 按钮将标题字体加粗。

单击"加粗"

"加粗"按钮旁边的是什么按钮？

单击 **I** 按钮可以将文字设置为斜体，单击 **U** 按钮可以给文字下面添加下画线，也是比较常用的按钮。

按同样的方式，将计划表中其他的文字设置为相应的字体和字号。

设置为方正仿宋 _GBK，II 号

设置为 Times New Roman，II 号

设置为方正黑体，II 号

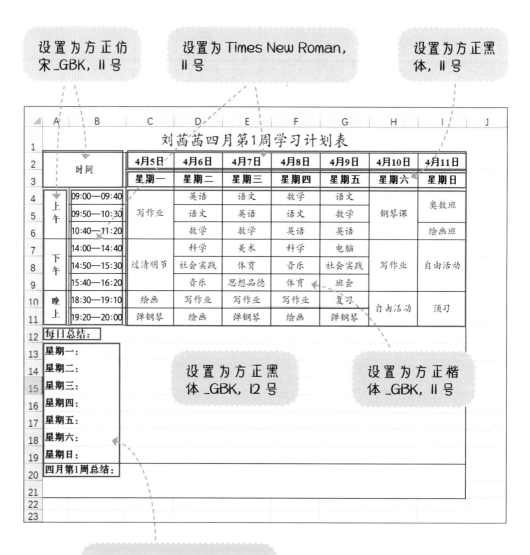

		4月5日	4月6日	4月7日	4月8日	4月9日	4月10日	4月11日
1	刘茜茜四月第1周学习计划表							
2	时间	4月5日	4月6日	4月7日	4月8日	4月9日	4月10日	4月11日
3		星期一	星期二	星期三	星期四	星期五	星期六	星期日
4	上午 09:00—09:40	写作业	英语	语文	数学	语文	钢琴课	奥数班
5	09:50—10:30	写作业	语文	英语	语文	数学	钢琴课	
6	10:40—11:20		数学	数学	英语	英语		绘画班
7	下午 14:00—14:40	过清明节	科学	美术	科学	电脑	写作业	自由活动
8	14:50—15:30		社会实践	体育	音乐	社会实践		
9	15:40—16:20		音乐	思想品德	体育	班会		
10	晚上 18:30—19:10	绘画	写作业	写作业	写作业	复习	自由活动	预习
11	19:20—20:00	弹钢琴	绘画	弹钢琴	绘画	弹钢琴		
12	每日总结：							
13	星期一：							
14	星期二：							
15	星期三：							
16	星期四：							
17	星期五：							
18	星期六：							
19	星期日：							
20	四月第1周总结：							

设置为方正黑体 _GBK，I2 号

设置为方正楷体 _GBK，II 号

设置为方正书宋 _GBK，II 号

下面为计划表填充颜色。首先将表头填充为蓝色。

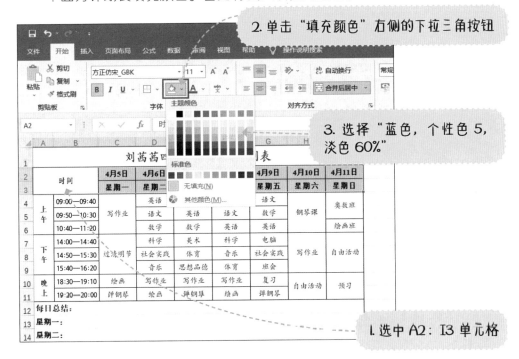

2. 单击"填充颜色"右侧的下拉三角按钮

3. 选择"蓝色，个性色5，淡色60%"

1. 选中 A2：I3 单元格

按同样的方式，给计划表的其他部分填充颜色。

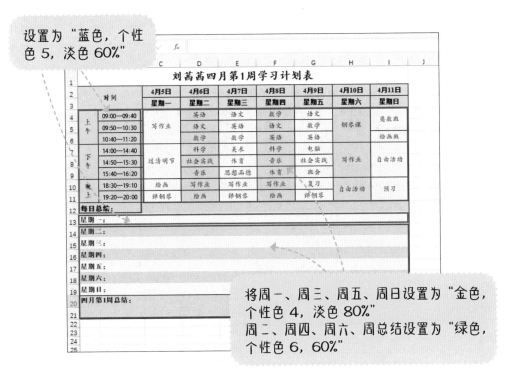

设置为"蓝色，个性色5，淡色60%"

将周一、周三、周五、周日设置为"金色，个性色4，淡色80%"

周二、周四、周六、周总结设置为"绿色，个性色6，60%"

继续美化第 2 周、第 3 周、第 4 周的计划表，可以选择相同的美化方式，也可以选择不同的美化方式。

可以改变文字的颜色吗？

当然可以，单击文字颜色按钮  就可以改变文字的颜色了，这里使用黑色比较美观，就不调整了。

按计划表学习，并填写总结

制作完学习计划表后，我们就可以根据计划表有序地开展学习了，每天学习完后填写当日总结，一周结束后，填写当周总结，完成了整个四月的学习后，就可以填写这一个月的学习心得体会了。

P12			fx						

刘萳萳四月第1周学习计划表

时间		4月5日 星期一	4月6日 星期二	4月7日 星期三	4月8日 星期四	4月9日 星期五	4月10日 星期六	4月11日 星期日
上午	09:00—09:40	写作业	英语	语文	数学	语文	钢琴课	奥数班
	09:50—10:30		语文	英语	语文	数学		绘画班
	10:40—11:20		数学	数学	英语	英语		
下午	14:00—14:40	过清明节	科学	美术	科学	电脑	写作业	自由活动
	14:50—15:30		社会实践	体育	音乐	社会实践		
	15:40—16:20		音乐	思想品德	体育	班会		
晚上	18:30—19:10	绘画	写作业	写作业	写作业	复习	自由活动	预习
	19:20—20:00	弹钢琴	绘画	弹钢琴	绘画	弹钢琴		

每日总结：
星期一：今天把作业写完了，还画了上周老师教的小鸟
星期二：今天上的课很简单，作业完成得很快
星期三：今天上的课有点难，作业写了很久，美术课作业没画完
星期四：今天感冒了，没有去上课，周末要好好复习
星期五：今天去上课了，学习委员帮我补习了昨天上课的知识，所以上的课能听懂，晚上又复习了一遍
星期六：今天钢琴在练《小星星》，能不看谱弹出来了，作业写完了，还复习了这周的课
星期日：今天奥数课有点难；绘画课上学会了画小狗，老师纠正了我的拿笔姿势；预习了下周的课程
四月第1周总结：这周过得很充实，虽然感冒了，但所有的学习任务都完成了

刘苪苪四月第2周学习计划表

时间		4月12日	4月13日	4月14日	4月15日	4月16日	4月17日	4月18日
		星期一	星期二	星期三	星期四	星期五	星期六	星期日
上午	09:00-09:40	数学	英语	语文	数学	语文	钢琴课	复习
	09:50-10:30	英语	语文	英语	语文	数学		
	10:40-11:20	语文	数学	数学	英语	英语		绘画班
下午	14:00-14:40	体育	科学	美术	科学	电脑	写作业	自由活动
	14:50-15:30	美术	社会实践	体育	音乐	社会实践		
	15:40-16:20	电脑	音乐	思想品德	体育	班会		
晚上	18:30-19:10	写作业	写作业	写作业	写作业	复习	自由活动	复习
	19:20-20:00	绘画	弹钢琴	绘画	弹钢琴	绘画		

每日总结：

星期一：今天英语课学习了新课文，有很多单词要背

星期二：今天语文课学了新课文，科学课叠了纸飞机

星期三：今天数学课学完了第四章，老师说下周一小测试

星期四：今天提前完成了作业，又背了新单词和生字

星期五：今天学校老师带我们复习了所有的科目，回家以后自己也复习了一遍

星期六：今天钢琴课教了《小奏鸣曲》，好好听，下午把作业写完了

星期日：今天奥数老师有事不上课，但留了思考题；绘画老师教我们画苹果

四月第2周总结： 学校大部分课程都上到了一半，老师让我们多复习

刘苪苪四月第3周学习计划表

时间		4月19日	4月20日	4月21日	4月22日	4月23日	4月24日	4月25日
		星期一	星期二	星期三	星期四	星期五	星期六	星期日
上午	09:00-09:40	数学	英语	语文	数学	语文	钢琴课	奥数班
	09:50-10:30	英语	语文	英语	语文	数学		
	10:40-11:20	语文	数学	数学	英语	英语		练字
下午	14:00-14:40	体育	科学	美术	科学	电脑	写作业	自由活动
	14:50-15:30	美术	社会实践	体育	音乐	社会实践		
	15:40-16:20	电脑	音乐	思想品德	体育	班会		绘画班
晚上	18:30-19:10	写作业	写作业	写作业	写作业	复习	自由活动	预习
	19:20-20:00	弹钢琴	绘画	弹钢琴	绘画	弹钢琴		

每日总结：

星期一：今天早上进行了数学小测

星期二：今天早上进行了语文小测，数学考了90分，晚上订正卷子

星期三：今天早上进行了英语小测，语文考了95分，晚上订正卷子

星期四：英语考了92分，晚上订正卷子，今天作业不多，提前写完了又预习了后面的课文

星期五：今天又发了一套卷子，下周要期中考试了

星期六：今天钢琴课练习《小奏鸣曲》，卷子有点多，没做完

星期日：今天奥数课讲了上周的思考题，练字课写了笔画，下午把作业写完了，今天还画了苹果

四月第3周总结： 下周期中考试，要多多复习，数学要更认真，多背单词，认生字

L12			×	✓	f_x			

<table>
<tr><td colspan="9" align="center">刘茜茜四月第4周学习计划表</td></tr>
<tr><td colspan="2" rowspan="2" align="center">时间</td><td align="center">4月26日</td><td align="center">4月27日</td><td align="center">4月28日</td><td align="center">4月29日</td><td align="center">4月30日</td><td align="center">5月1日</td><td align="center">5月2日</td></tr>
<tr><td align="center">星期一</td><td align="center">星期二</td><td align="center">星期三</td><td align="center">星期四</td><td align="center">星期五</td><td align="center">星期六</td><td align="center">星期日</td></tr>
<tr><td rowspan="3" align="center">上午</td><td align="center">09:00-09:40</td><td rowspan="3" align="center">数学考试</td><td rowspan="3" align="center">英语考试</td><td rowspan="3" align="center">语文考试</td><td align="center">数学</td><td align="center">语文</td><td rowspan="3" align="center">钢琴考级</td><td align="center">奥数班</td></tr>
<tr><td align="center">09:50-10:30</td><td align="center">语文</td><td align="center">数学</td><td rowspan="2" align="center"></td></tr>
<tr><td align="center">10:40-11:20</td><td align="center">英语</td><td align="center">英语</td><td align="center">练字</td></tr>
<tr><td rowspan="3" align="center">下午</td><td align="center">14:00-14:40</td><td align="center">体育</td><td align="center">科学</td><td align="center">美术</td><td align="center">科学</td><td align="center">电脑</td><td rowspan="3" align="center">写作业</td><td align="center">自由活动</td></tr>
<tr><td align="center">14:50-15:30</td><td align="center">美术</td><td align="center">社会实践</td><td align="center">体育</td><td align="center">音乐</td><td align="center">社会实践</td><td rowspan="2" align="center"></td></tr>
<tr><td align="center">15:40-16:20</td><td align="center">电脑</td><td align="center">音乐</td><td align="center">思想品德</td><td align="center">体育</td><td align="center">班会</td><td align="center">绘画班</td></tr>
<tr><td rowspan="2" align="center">晚上</td><td align="center">18:30-19:10</td><td align="center">写作业</td><td align="center">写作业</td><td align="center">写作业</td><td align="center">写作业</td><td align="center">复习</td><td rowspan="2" align="center">自由活动</td><td align="center">预习</td></tr>
<tr><td align="center">19:20-20:00</td><td align="center">弹钢琴</td><td align="center">绘画</td><td align="center">弹钢琴</td><td align="center">绘画</td><td align="center">弹钢琴</td></tr>
<tr><td colspan="9">每日总结：</td></tr>
<tr><td colspan="9">星期一：今天上午数学期中考试，复习得不错，考起来挺简单</td></tr>
<tr><td colspan="9">星期二：今天上午英语期中考试，复习得也还行，就是有些新单词没记住</td></tr>
<tr><td colspan="9">星期三：今天上午语文期中考试，复习得很好，都答上了</td></tr>
<tr><td colspan="9">星期四：今天发卷子，上课讲卷子，英语分数有点低，要好好复习</td></tr>
<tr><td colspan="9">星期五：今天开始上新课，新课内容很有趣；晚上为明天钢琴考级多练了一小时钢琴</td></tr>
<tr><td colspan="9">星期六：今天上午钢琴考级有点难，因为前一天复习了，表现得还可以；下午一直在写作业</td></tr>
<tr><td colspan="9">星期日：今天绘画老师夸我画得不错，晚上预习了新课</td></tr>
<tr><td colspan="9">四月第4周总结：奥数要多练习，争取参加奥数比赛；英语和语文要多背诵</td></tr>
<tr><td colspan="9">四月总结：这周经历了期中考试，对上半学期学习的内容做了个检测。数学和语文还可以提高，英语要多背单词，钢琴考级也过了，接下来争取参加奥数比赛。总的来说，四月完成了所有的学习计划，很棒！</td></tr>
</table>

至此，学习计划表的制作和使用就讲解完了，在每次更改学习计划表时都要记得及时保存文件。

知识拓展

小咪老师，这次任务我们用到的功能还有别的用法吗？

当然有啦，我们可以整理一个知识拓展笔记。

新建工作簿及保存

新建一个 Excel 工作簿是后续所有操作的基础。为了确定在计算机中的位置，方便再次找到表格，需要给表格一个确切的名字，从而方便快速分辨和查找。时刻谨记保存文件，尤其是在长时间操作之后，防止突发情况未保存关闭文件，导致数据丢失。

合并单元格

合并单元格指将两个或多个相连的单元格合并成一个单元格。合并单元格是在使用 Excel 时经常用到的功能。合并单元格又分为几种：合并后居中、跨越合并、合并单元格。根据不同情况采用不同的合并方式能大大简化制作表格的过程。

编辑单元格

表格最基本的功能是整理数据，在 Excel 中单个数据的输入和修改都是在单元格中进行的，因而掌握编辑单元格的各种方式是必要的。

设置单元格大小

通过设置单元格的行高和列宽可以改变单元格的大小。调整单元格大小既可以将单元格中的内容更好地显示出来，也可以让表格整体更具有美观性。

设置单元格格式

单元格的格式包括：数字类型、对齐方式、字体、边框、颜色填充等。根据单元格中内容的不同设置单元格的格式，可以简化输入过程，或者将不同内容的单元格区分开，方便表格的阅读，同时增加表格的美观性。

自动填充

自动填充功能可以将一个单元格中的内容快速复制到整行或整列，也可以按照一定的序列（例如连续的日期、连续的数字等）填充整行或整列。自动填充在制作表头或录入有规律的序列时经常使用。

新建工作表及重命名

一个工作簿中可以包含多个工作表，用户可以根据需要添加或删减工作表。每个工作表在工作表标签栏内对应一个标签，标签上显示的是工作表的名字。如果同一个项目中包含多个表格就可以添加工作表，把相关表格放在同一个工作簿中，同时给工作表取一个简洁精确的名字，既方便表格的制作，也方便表格的查阅。

表格的复制粘贴

如果工作簿中各个工作表的表格样式是类似的，可以将第一版表格复制，再粘贴到其他工作表中，之后根据不同情况进行修改，就不用重新制作了。但是直接粘贴不包括复制表格的单元格大小，因而还要对单元格的大小进行粘贴。

 玥玥，你学会怎么制作学习计划表了吗？

学会啦，谢谢小咪老师！

 除了上课的时候可以制作学习计划表，在假期我们也能为自己制作学习计划表，和爸爸妈妈一起来制作一个假期学习计划表吧！

好的，小咪老师！

　　假期除了复习和预习校内的知识，写假期作业，也可以培养一些兴趣爱好。结合实际情况来尝试制作假期学习计划表吧！

成果评判

制作了一周的学习计划表——需要加油啦

制作了整个假期的学习计划表——还不错

计划表非常美观——就差一点点

熟练使用 Excel 的各个功能，快速地完成计划表的制作——非常棒

制作班级通讯录

小咪老师，下周我们要去春游啦。

好棒呀，玩得开心。

王老师让我们制作班级通讯录，方便到时候互相联系，小咪老师知道怎么做吗？

当然知道啦！我来教你！

制作班级通讯录
- 做好准备
- 创建班级通讯录表格
- 信息录入及表格格式设置
- 美化表格
- 表格打印

做好准备

首先，要知道通讯录的基本格式，通讯录通常包括以下 4 个部分。

标题

表头

□□□□□□□□通讯录

序号	姓名	联系方式	家庭住址	……
1				
2	信息录入区域（表文）			
3				
……				

序号

● 标题：居中填写在整个表格的最上方，标题代表了整个表格的功能。

● 序号： 序号一般是连续的阿拉伯数字，在通讯录的第一列。序号的作用是帮助我们分清同一位联系人的信息，方便我们通过序号找到对应联系人。序号还能对总人数进行统计。

● 表头：表头一般在表格的第一行（除标题外），它代表了表格每一列的内容，例如"姓名""联系方式""家庭住址"等。

● 信息录入区域（表文）：具体信息的填写位置，每一个单元格内的信息内容都应该和单元格所在列的表头、所在行的序号一一对应。

在制作通讯录之前，需要收集联系人的信息，在收集的过程中就可以先拟定表头包含哪些项目。

那我现在就去收集班里同学的信息吗？

我已经准备好了案例，你可以先跟着我做一遍，掌握制作方法，然后再去制作自己班级的通讯录。

创建班级通讯录表格

新建一个 Excel 工作表，将其命名为"三年级二班通讯录"，打开后能看到一张空白的表格。

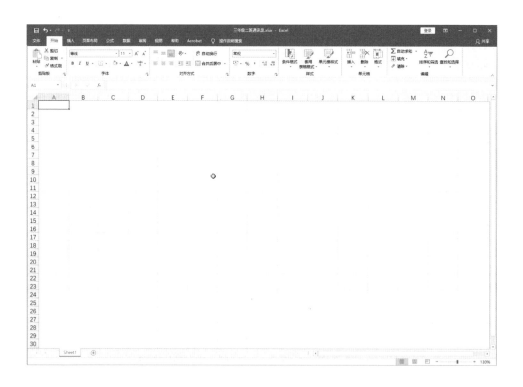

先制作班级通讯录的标题，标题的宽度等于表头项目数的总和。

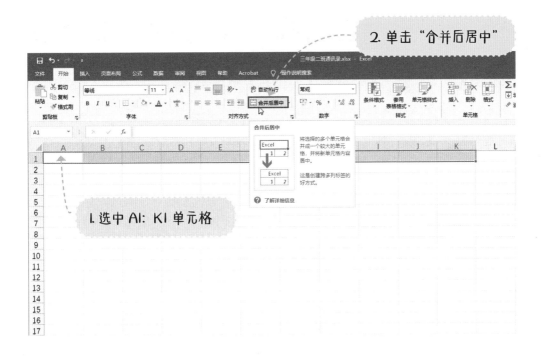

2. 单击"合并后居中"

1. 选中A1: K1单元格

在合并后的单元格中输入标题"三年级二班的小朋友们"。

接下来制作班级通讯录的表头。在 A2: K2 单元格中分别输入通讯录表头的项目，包括：序号、姓名、学号、性别、父亲、父亲联系方式、母亲、母亲联系方式、家庭住址、爱好、备注（可以根据需求增减项目）。

可以看到，有的单元格中的文字重叠了，我们可以调整表格宽度，把内容全部显示出来。移动光标至下图中的位置，此时光标会改变样式 ，双击后单元格的大小就会自动调整为完整显示内容的大小。

接下来填写序号。在 A3、A4 两个单元格中分别输入"1"和"2"，选中两个单元格。

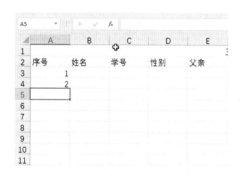

将光标放至如图所示位置，此时光标会改变样式，按住鼠标左键向下拖曳，经过的单元格会自动填充连续的数字，拖曳至序号等于班级的人数处。

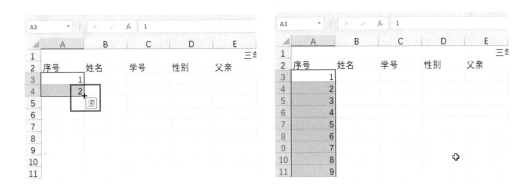

信息录入及表格格式设置

第 3 步

对应表头和序号将收集来的同学信息录入表格。录入的过程中可能遇到表题和序号被遮挡，导致录入信息不容易对应的情况，如下图所示。

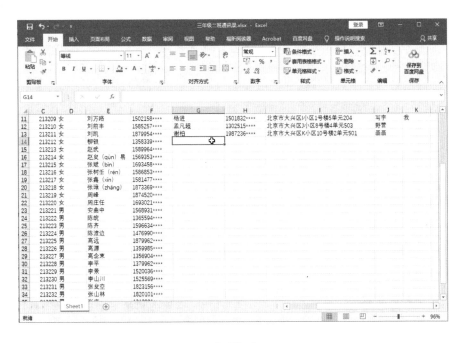

玥玥知道信息安全吗?

我知道! 不能向陌生人透露任何个人信息。

玥玥真棒! 除了个人信息, 班里同学的信息也不能随便透露给无关的人。小朋友, 你还知道哪些有关信息安全的知识吗?

此时可以利用 Excel 表格的 "冻结窗格" 功能, 将表头、序号冻结。

2. 单击 "视图"

3. 单击 "冻结窗格"

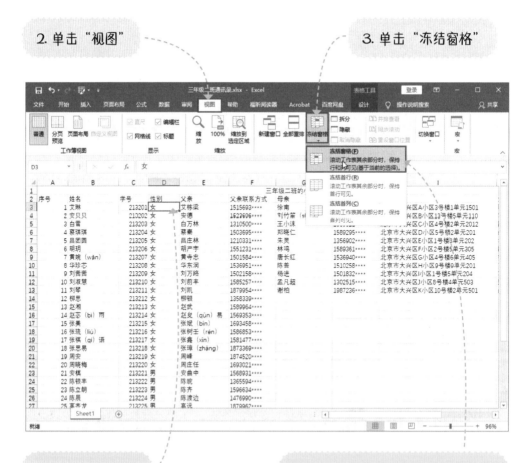

1. 选中 D3 单元格

4. 选择下拉菜单中的 "冻结窗格"

这样当再滚动鼠标时，表头、序号就都不会被遮挡了，如下图所示。

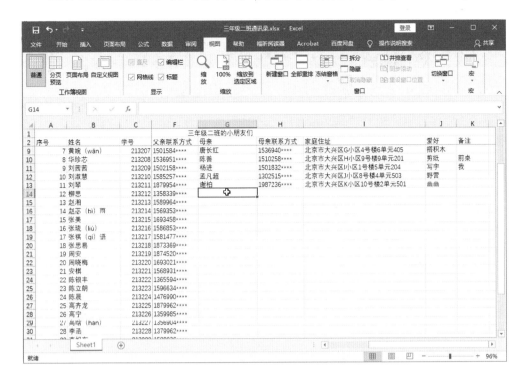

将所有信息录入后得到如下图所示的表格。

由于单元格格式有的是左对齐的，有的是右对齐的，一些地方看起来字比较密集，所以需要将表格内所有的内容设置为居中对齐。

1. 选中整个表格

第 4 步

美化表格

此时表格的样式还很朴素，需要对表格进行美化。双击标题单元格进行编辑，在"三年级二班的小朋友们"前后分别加上"❀"图标。

接下来设置标题字体的格式。

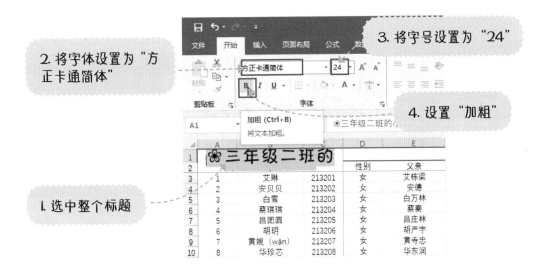

2. 将字体设置为"方正卡通简体"

3. 将字号设置为"24"

4. 设置"加粗"

1. 选中整个标题

小咪老师，为什么标题后面的字不见了？

不用担心，它们只是没有显示出来，只要随意单击其他单元格，结束编辑就能看到整个标题了。

接下来设置标题单元格的颜色。

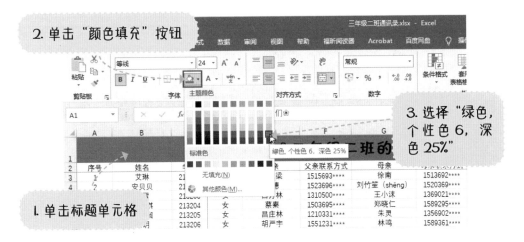

2. 单击"颜色填充"按钮

3. 选择"绿色，个性色 6，深色 25%"

1. 单击标题单元格

然后设置标题"❀三年级二班的小朋友们❀"文字的颜色，让文字颜色和单元格颜色相搭配。

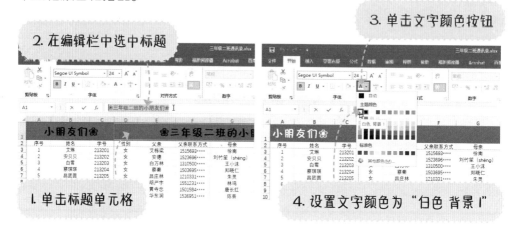

由于表格比较庞大，逐个单元格美化会非常复杂，这时就可以使用 Excel 表格的"套用表格格式"功能，一键设置整张表格格式。

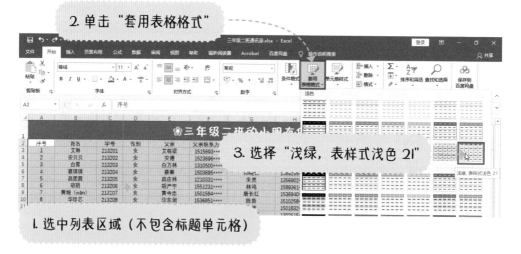

至此，一个简单的班级通讯录就制作完成了。

序号	姓名	学号	性别	父亲	父亲联系方式	母亲	母亲联系方式	家庭住址	爱好	备注
					❀ 三年级二班的小朋友们 ❀					
1	艾琳	213201	女	艾栋梁	1515693****	徐南	1513692****	北京市大兴区A小区3号楼1单元1501	唱歌	
2	安贝贝	213202	女	安德	1523696****	刘竹笙(shēng)	1520369****	北京市大兴区B13号楼5单元110	写字	班长
3	白雪	213203	女	白万林	1310500****	王小沫	1369021****	北京市大兴区C小区4号楼2单元2012	跳舞	
4	蔡琪琪	213204	女	蔡豪	1503695****	郑晓仁	1589295****	北京市大兴区D小区5号楼3单元201	画画	
5	昌圆圆	213205	女	昌庄林	1210331****	朱灵	1356902****	北京市大兴区E小区1号楼3单元202	看书	
6	胡玥	213206	女	胡严宇	1551231****	林鸣	1589361****	北京市大兴区F小区2号楼5单元305	跳绳	
7	黄琬(wǎn)	213207	女	黄寺忠	1501584****	唐长红	1536940****	北京市大兴区G小区4号楼6单元405	搭积木	
8	华珍芯	213208	女	华东润	1536951****	陈香	1510258****	北京市大兴区H小区3号楼5单元201	写字	前桌
9	刘甫茜	213209	女	刘万路	1502158****	杨进	1501832****	北京市大兴区I小区1号楼5单元204	写字	我
10	刘淑慧	213210	女	刘前丰	1582525****	孟凡超	1302515****	北京市大兴区J小区8号楼5单元503	野营	
11	刘琴	213211	女	刘凯	1879954****	谢柏	1987236****	北京市大兴区K小区10号楼2单元501	画画	
12	柳思	213212	女	柳锡	1538339****	梁建英	1324139****	北京市大兴区L小区6号楼4单元204	看动画片	
13	赵瑞	213213	女	赵武	1589964****	杨思寒	1354810****	北京市大兴区M小区5号楼2单元102	剪纸	生活委员
14	赵芯(bì) 雨	213214	女	赵发(qún)易	1569353****	曾仁若	1201943****	北京市大兴区N小区9号楼5单元402	唱歌	
15	张美	213215	女	张斌(bīn)	1693458****	陈斌斌	1820248****	北京市大兴区O小区5号楼2单元403	跳舞	
16	张琉(liú)	213216	女	张树壬(rén)	1586853****	方海燕	1306471****	北京市大兴区P小区5号楼2单元403	跳舞	
17	张琦(qí)语	213217	女	张鑫(xīn)	1581477****	杨菁菁(qīng)	1835994****	北京市大兴区Q小区3号楼3单元1102	打羽毛球	
18	张易易	213218	女	张障(zhāng)	18/3369	章明天	1825036****	北京市大兴区R小区2号楼3单元1302	弹钢琴	副班长
19	周安	213219	女	周峰	1874520****	夏巧	1358169****	北京市大兴区S小区3号楼5单元1203	唱歌	
20	周映梅	213220	女	周庄任	1693021****	王蓉	1523141****	北京市大兴区2小区3号楼3单元201	朗读	
21	安相丰	213221	男	安曲申	1568931****	朱瑚(liú)	1320548****	北京市大兴区U小区1号楼4单元902	打篮球	周桌
22	陈旭丰	213222	男	陈敏	1365594****	王丹	1305414****	北京市大兴区V小区5号楼2单元803	打乒乓球	
23	陈立朝	213223	男	陈齐	1596634****	王楷	1357236****	北京市大兴区W小区5号楼3单元1605	踢足球	
24	陈晨	213224	男	陈波波	1476990****	周衍(yǎn)箭	1556921****	北京市大兴区X小区6号楼3单元1304	打篮球	后桌
25	高齐龙	213225	男	高远	1879962****	蔡红霞	1871542****	北京市大兴区Y小区6号楼2单元205	打羽毛球	
26	高宁	213226	男	高潮	1359985****	干玲	1359992****	北京市大兴区Z小区5号楼4单元1304	打游戏	
27	离晚(hán)	213227	男	高企来	1356904****	柳苗	1352602****	北京市大兴区A小区3号楼3单元2205	踢足球	
28	李涵	213228	男	李平	1379962****	梅芳	1375693****	北京市大兴区B小区6号楼2单元201	踢足球	
29	李旭东	213229	男	李景	1520036****	雅莎(shā)	1502884****	北京市大兴区C小区4号楼5单元304	踢足球	
30	李明	213230	男	李山川	1525569****	马思梁	1525692****	北京市大兴区D小区4号楼5单元304	远足	
31	张博	213231	男	张复宝	1823156****	兰云	1836910****	北京市大兴区E小区5号楼5单元501	搭积木	学习委员
32	张琴(qíng)玉	213232	男	张山林	1820101****	刘梅芳	1829381****	北京市大兴区F小区8号楼1单元102	搭积木	
33	张丰	213233	男	张庆	1312021****	唐曦(xī)	1320321****	北京市大兴区G小区5号楼2单元302	画画	
34	张航	213234	男	张俞(yú)	1310200****	赵文宝	1330480****	北京市大兴区H小区4号楼5单元204	看动画片	

第5步

表格打印

制作完成的班级通讯录可以通过计算机连接的打印机直接打印到纸上。单击"文件"，在弹出的菜单里找到"打印"。

单击"打印"

在右侧的白色区域能预览打印的效果，可以发现表格被分成了两页，为了方便使用通讯录，我们希望整张表格都在同一页纸上，因此使用打印设置将表格调整为一页。

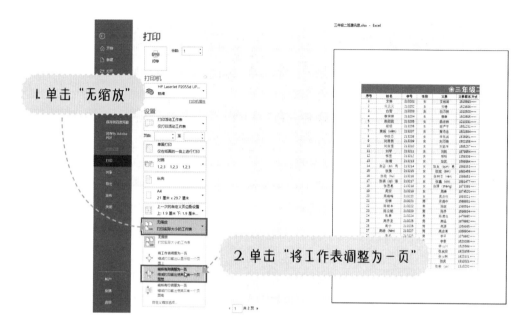

1. 单击"无缩放"

2. 单击"将工作表调整为一页"

这样设置之后，预览中的表格虽然都集中在了一页上，但是纸上有大片的空白没有用到，而且表格也不够清晰，如下图所示。

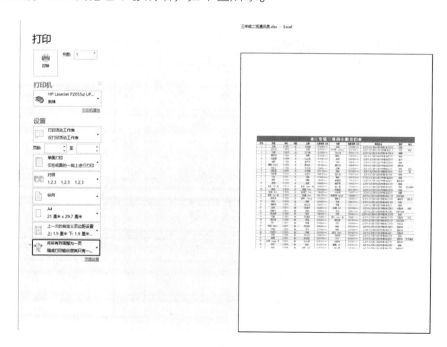

由于通讯录表格横向较长，纵向较短，如果换一个排版方向，表格就能在纸上平铺开，因此，在打印设置中调整排版方式。

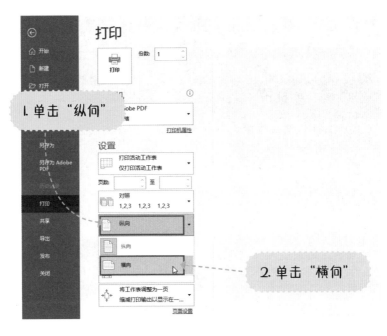

可以看到，此时表格基本占满了整张纸，但并不在纸的中间，看起来不美观。下面通过页面设置，将表格放置在纸的中间。

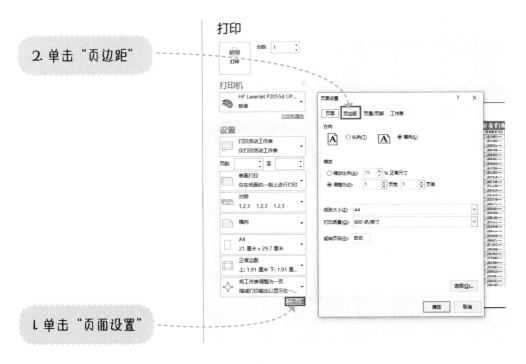

在"页边距"选项卡下，可以分别对表格的每一侧页边距进行调整，也可以利用"居中方式"自动调整。

1. 勾选"水平"和"垂直"

2. 单击"确定"

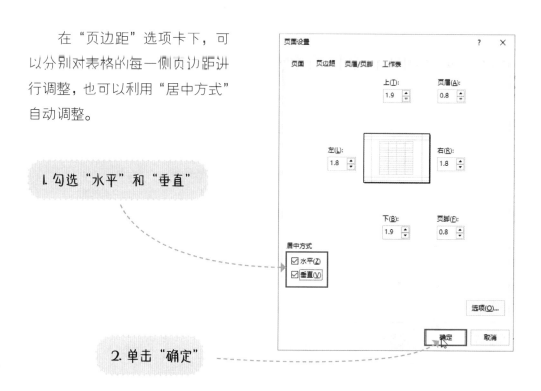

预览中的班级通讯录表格位于整张纸的正中间，接下来就可以开始打印了。

单击"打印"

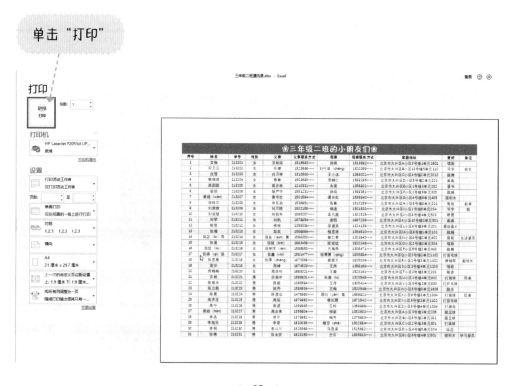

知识拓展

小咪老师，这次任务我们用到的功能还有别的用法吗？

当然有啦，我们可以整理一个知识拓展笔记。

自动调整行高、列宽

在录入数据的过程中，我们往往会遇到默认单元格宽度比输入信息的宽度窄，导致信息内容显示不全的情况，利用"自动调整行高、列宽"功能可以帮助我们快速调整单元格宽度以适应信息长度，使录入的信息完整地显示出来。

冻结窗格

在制作 Excel 表格时，如果行、列数较多，若向下（向右）滚屏，则上面（左侧）的标题行也会跟着滚动，导致在处理数据时难以分清各行、列数据对应的标题，利用"冻结窗格"功能可以轻松解决这一问题。使用"冻结窗格"功能后，滚屏时，被冻结的标题行总是显示在最上面（最左侧），使表格的编辑更加方便直观。

套用表格格式

在美化表格时，样式的设置过程可能过于烦琐，利用"套用表格格式"功能可以快速设置表格样式，提高制作效率。

页面设置

Excel 表格的长度和宽度是没有限制的，"页面设置"可以帮助我们设置已编辑的表格部分，包括在纸上是横向还是竖向显示，表格在纸上的位置等，使我们对表格的大小和样式有更具体的把握。

打印设置

如果对打印的效果有特别的要求，可以通过"打印设置"快速调整，了解"打印设置"对"打印"十分重要。

玥玥，你学会怎么制作通讯录了吗？

学会啦，谢谢小咪老师！

现在你可以制作自己班级的通讯录了。不过在那之前，你可以先和爸爸妈妈一起做一个简单的亲人通讯录。

好的，小咪老师！

收集自己的亲属及亲属的信息，制作一张"亲人通讯录"并打印出来。

成果评判

通讯录中的信息清晰齐全——需要加油啦

通讯录设置了基本的表格格式——还不错

通讯录看起来非常美观——就差一点点

通讯录打印出来后处于纸张适当的位置——非常棒

学会理财

小咪老师，我喜欢的漫画书终于出版了！但是我没有足够的零花钱买，这可怎么办呀？

你可以做一个账本理财攒钱。

账本理财可以攒钱吗？小咪老师你快教教我。

好啊，我以刘茜茜的账本为例来教你制作方法，学会之后你就可以制作自己的账本了。

```
                                          做好准备

                                          新建Excel表格

                                          制作账本标题

                                          制作账本的计划部分
              学会理财
                                          制作账本表格

                                          美化账本

                                          填写账本

                                          账目回顾
```

做好准备

本次要制作的账本覆盖时间段为一个月，账本的基本样式如下。

标题 ···▶

计划 ◀···

□□□□□□账本						
计划						
周数	日期	摘要	收入	支出	结算	周总结
第一周	5月3日 5月4日 5月5日 5月6日 5月7日 5月8日 5月9日					
第二周	5月10日 5月11日 5月12日 5月13日 5月14日 5月15日 5月16日					
周总计						
月总计						
月末总结:						

列表头 ◀···

行表头 ◀···

·······

月末总结 ◀···

财务记录区域 ◀···

- 标题：居中填写在整张表格的最上方。标题代表了整个表格的功能。

- 计划：理财目标是理财的源动力。

- 列表头：列表头决定了每一列中填写的内容。

- 行表头：一般是连续的时间，代表每一行发生的时间。

- 财务记录区域：账本的主体部分，每日的财务情况都按照列表头的划分，填写在对应的单元格内。

- 月末总结：一个月结束后，要对整月的理财情况进行总结。

新建 Excel 表格

首先新建一个 Excel 表格。可以单击右键，在弹出的菜单中单击"新建"→"Microsoft Excel 工作表"。

1. 在桌面空白区域单击右键

2. 选择"新建"

3. 选择"Microsoft Excel 工作表"

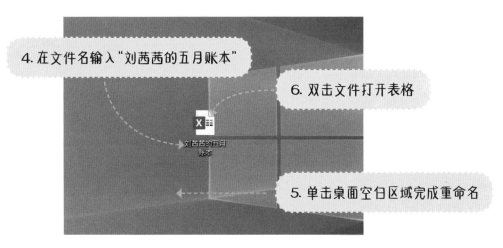

4. 在文件名输入"刘茜茜的五月账本"

6. 双击文件打开表格

5. 单击桌面空白区域完成重命名

制作账本标题

将 A1：G1 单元格合并后，设置为居中和垂直居中，在单元格填入标题"刘茜茜的五月账单"。

为了让标题更醒目，一般标题的单元格会较高。除了在任务一中学习的通过数值设定行高和列宽，以及在任务二中学习的自动调整行高和列宽，我们还可以通过拉动行列之间灰色的网格线，直观便捷地调整单元格的行高和列宽。

将光标移至第 1 行和第 2 行的行号之间，光标会变为双向箭头，此时按住鼠标左键不放，向下拖动，第 1 行的行高就随之增加了，移动鼠标调整第 1 行行高至适当位置。

第4步

制作账本的计划部分

在 A2 单元格内填入"计划"，并将单元格设置为居中和垂直居中。

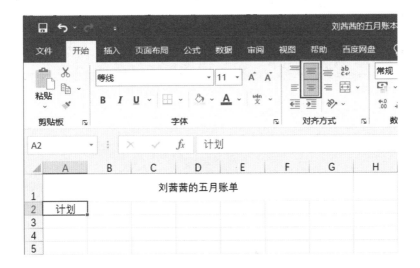

将 B2: G2 单元格合并后设置为左对齐和垂直居中，设置格式为"自动换行"。

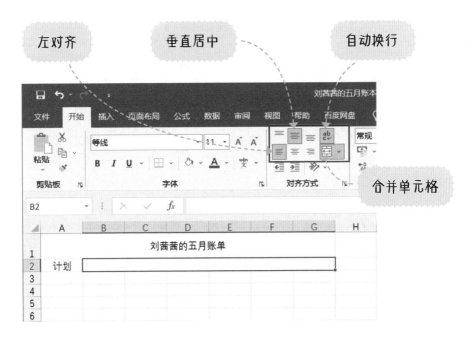

养成良好的理财习惯，不但能培养合理计划、管理钱财的能力，还能树立科学正确的劳动观念。玥玥知道要如何培养理财习惯吗？

我知道！要定一个攒钱的目标计划，这样就会更有动力。

玥玥真棒！小朋友，你还知道哪些培养理财习惯的方法呢？

第5步

制作账本表格

首先制作列表头。在A3至G3单元格中依次填入"周数""日期""摘要""收入""支出""结算""总结"，并将其设置为居中和垂直居中。

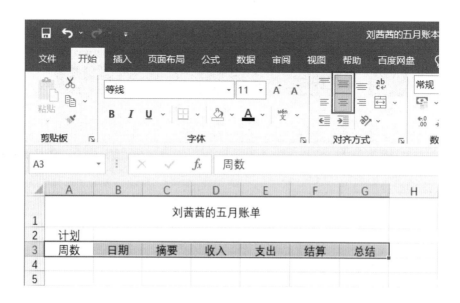

接下来制作行表头。由于每周的样式是类似的，因此可以先制作第一周的表格，后3周通过复制粘贴再调整完成。

将A4：A10单元格合并后设置为居中和垂直居中，填入"第一周"，将文本方向改为纵向。

在A11单元格中填入"周总计"并设置为居中和垂直居中，调整A列列宽至适当大小。

将 B4：B10 单元格格式的数字类型改为日期中的"3 月 14 日"类型，这样在 B4 中输入"5/3"，结束编辑后就会显示"5 月 3 日"，将格式设置为居中。

利用自动填充功能在 B4：B10 单元格中填入连续的日期。

收入列、支出列和结算列中要填入的是金额，有两位小数，所以要将 D4：F11 单元格的数字类型设置为两位小数。

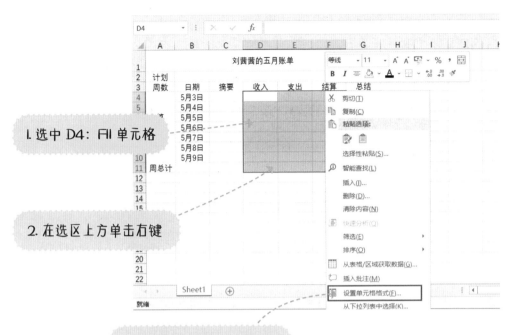

1. 选中 D4: F11 单元格

2. 在选区上方单击右键

3. 选择"设置单元格格式"

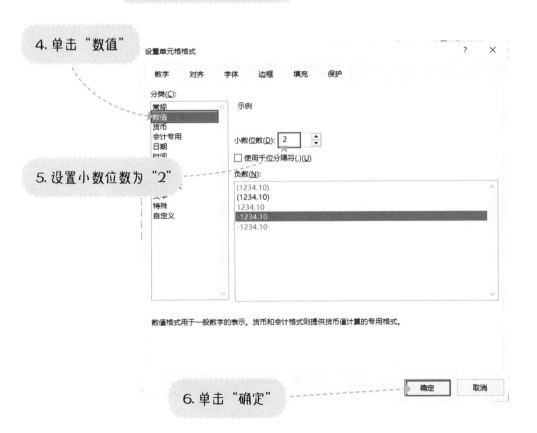

4. 单击"数值"

5. 设置小数位数为"2"

6. 单击"确定"

73

设置完成后，当输入"1"后，单元格内会自动生成"1.00"样式的数字，后面填写账本时就能看到。

接着将 G4：G11 单元格合并后设置为左对齐和垂直居中，设置自动换行。

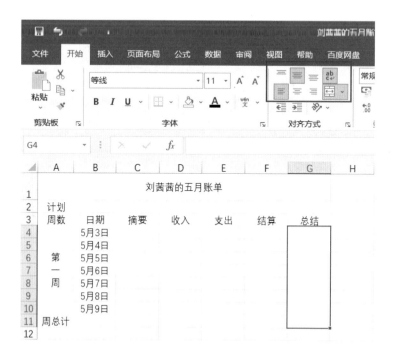

这样，第一周的表格就制作好了。只要把这部分讲的步骤复制 3 次，制作的表格就能覆盖整个五月了。

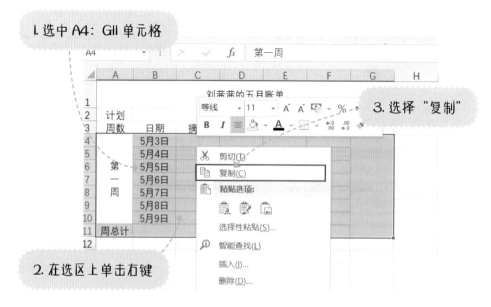

5. 单击"粘贴"按钮

4. 选中 A12 单元格，单击右键

按同样的方法在 A20、A28 单元格内粘贴。

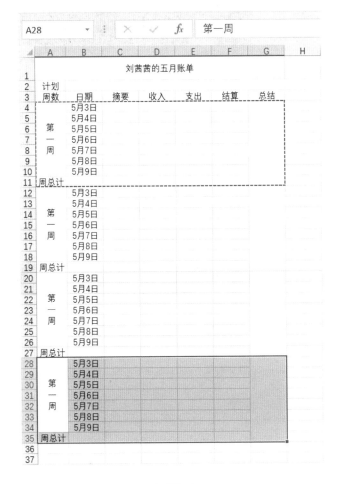

这样就有了 4 周的表格，月格式和第一周相同，我们还需要对后 3 周表格中的周数和日期进行调整。

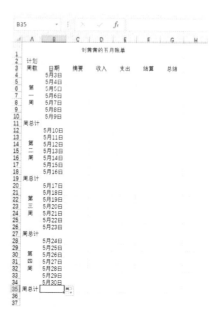

在 A36 单元格中输入"月总计"并设置为居中和垂直居中。

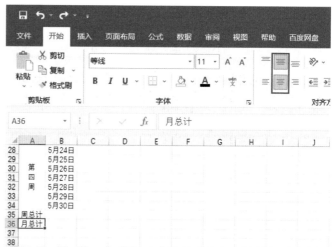

在账本最后添加月末总结。将 A37：G37 单元格合并后设置为左对齐和顶端对齐，设置自动换行，填入"月末总结："，调整第 37 行行高至适当大小。

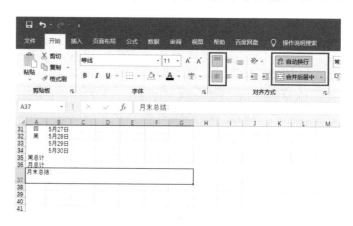

第6步

美化账本

将标题单元格填充色设置为"蓝－灰，文字2"，文字设置为"等线"、20号、加粗，再次调整第1行行高至标题比较美观的大小。

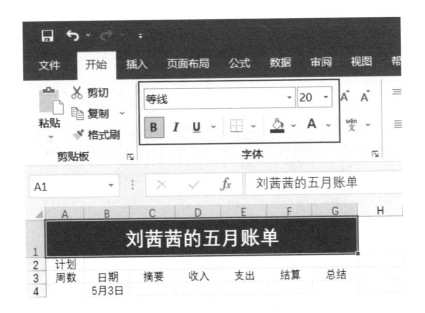

将计划部分单元格填充色设置为"蓝色，个性色1，淡色80%"，将"计划"设置为"等线"、16号、加粗，调整第2行行高至比较美观的大小。

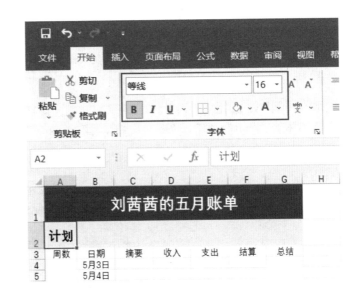

给矩形区域 B3：F36 单元格套用单元格格式，样式为"蓝色，表样式中等深浅 2"。

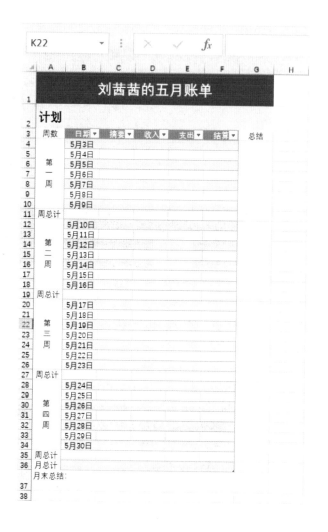

为了保持列表头样式统一，将"周数""总结"所在单元格填充色设置为"蓝色，个性色1"，文字设置为白色并加粗。

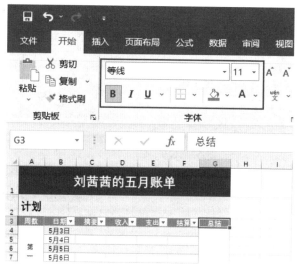

再将整个列表头文字设置为"等线"、14号，调整第3行行高至比较美观的大小。

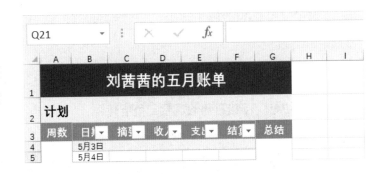

根据右图，将标示的单元格填充为"蓝色，个性色1，淡色80%"。

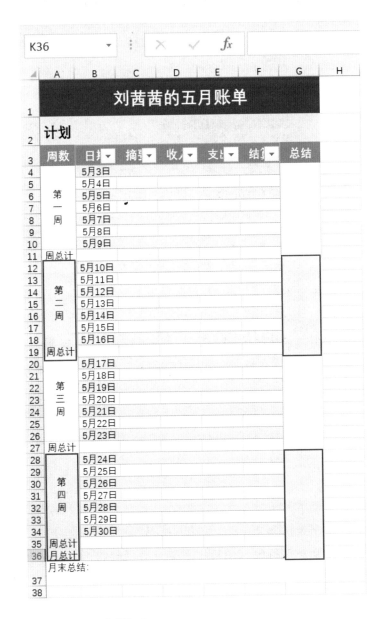

为了让表格的边界更清晰，可以给表格加上深色的框线。首先给计划部分添加框线。

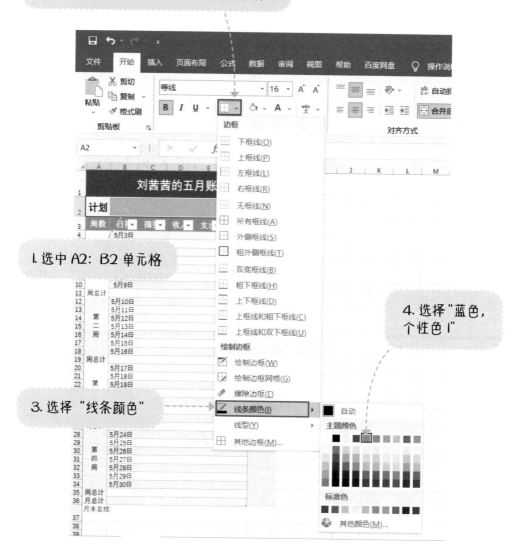

此时光标变成了一支笔的样式，就是进入了绘制框线状态，将光标放至单元格某一条边框上单击，就能在该处添加一条框线，按住鼠标左键斜向拖曳也可以添加矩形框线。但是需要添加的框线较多，逐个绘制比较麻烦，所以在选好颜色之后可以使用边框功能快速添加。

1. 再次单击"边框"按钮右侧的下拉三角按钮

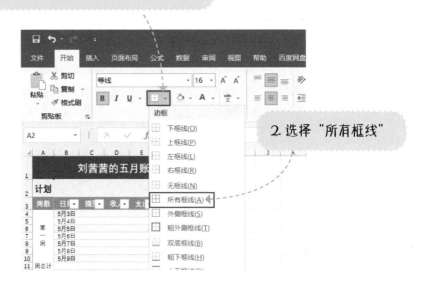

2. 选择"所有框线"

这样选区部分所有单元格就被加上了蓝色的边框。依次选中右图标示的各单元格并添加所有框线。

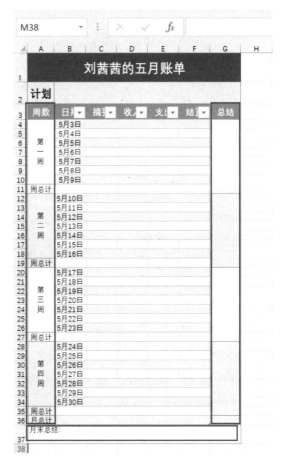

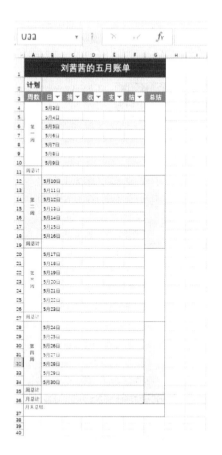

接下来再对表格的整体样式进行微调。为了让各行的内容更分明，增加记录部分的行高，将第4至36行的行高设置为"20"。

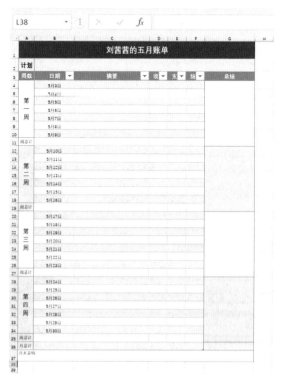

将"第一周""第二周""第三周""第四周"文字调整为"等线"、16号，并调整日期列、摘要列和总结列的列宽至比较美观的大小，其中摘要和总结内容可能较多，可以选择较宽。

在编辑单元格之前，也可以设置单元格的字体，这样在填写账本时就不用再设置字体了，再调整行高至比较美观的大小。

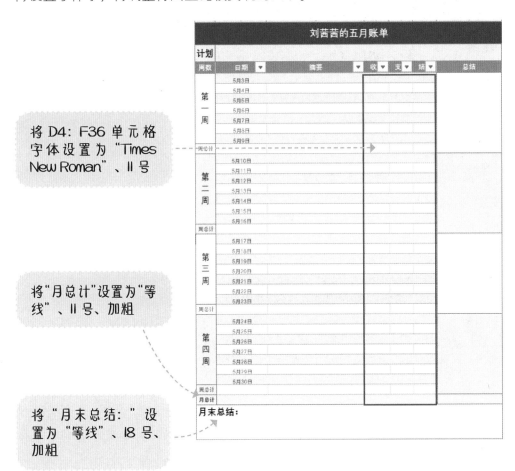

将 D4：F36 单元格字体设置为"Times New Roman"、11号

将"月总计"设置为"等线"、11号、加粗

将"月末总结："设置为"等线"、18号、加粗

填写账本

首先在计划一栏填写具体计划，填写完成后根据内容多少调整列宽至美观的大小。

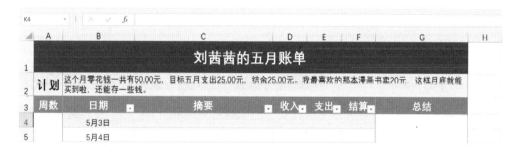

每一天结束的时候，总结财务相关事件，算出当天的收入和支出，填入对应的表格。

如5月3日，摘要填入"妈妈给了零花钱，在学校买了零食"，收入为"50.00"，支出为"5.50"。

结算一列利用 Excel 的公式功能计算并自动填入。

对于5月3日，这一天之前还没有钱，所以这一天的结算 = 当日收入 − 当日支出，由此按如下方式给5月3日结算单元格编辑公式。

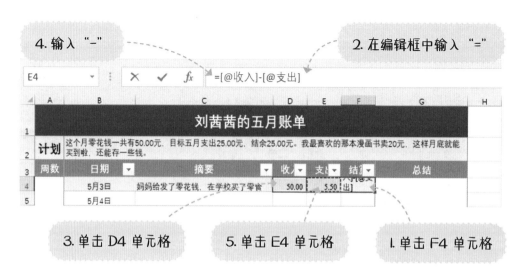

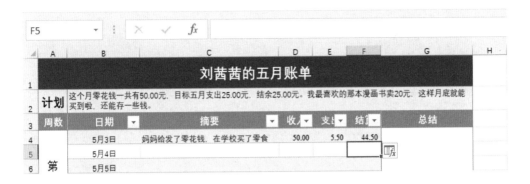

可以看到 5 月 3 日结算的结果已经显示在 F4 单元格中了。有了公式，即使将收入或支出填错了，修改之后，当天的结算也会自动随之更改。

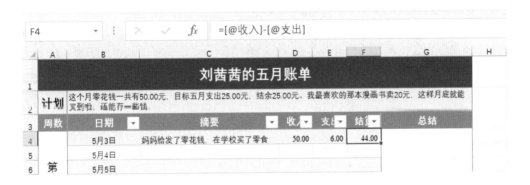

对于 5 月 4 日，这一天之前是有钱的，所以这一天的结算 = 前一天的结算 + 当日收入 − 当日支出，由此按如下方式给 5 月 4 日结算单元格编辑公式。

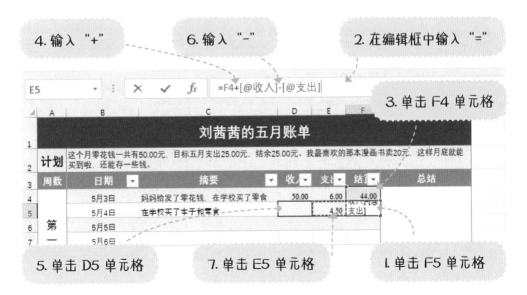

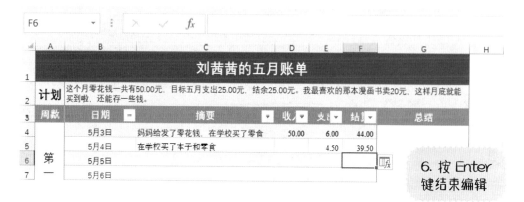

F6

周数	日期	摘要	收入	支出	结算	总结
		刘茜茜的五月账单				
计划	这个月零花钱一共有50.00元，目标五月支出25.00元，结余25.00元。我最喜欢的那本漫画书卖20元，这样月底就能买到啦，还能存一些钱。					
	5月3日	妈妈给发了零花钱，在学校买了零食	50.00	6.00	44.00	
	5月4日	在学校买了本子和零食		4.50	39.50	
第一	5月5日					
	5月6日					

6. 按 Enter 键结束编辑

小咪老师，有的单元格里没有数，会影响计算吗？

没有数值的单元格默认为"0"，所以在只有加法或减法的时候是不影响计算的。

除了5月3日是特殊情况，之后每天结算的公式编辑方式都和5月4日相同。

填完一周的账目情况后，就要填写当周的周总计。

J17

周数	日期	摘要	收入	支出	结算	总结
		刘茜茜的五月账单				
计划	这个月零花钱一共有50.00元，目标五月支出25.00元，结余25.00元。我最喜欢的那本漫画书卖20元，这样月底就能买到啦，还能存一些钱。					
	5月3日	妈妈给发了零花钱，在学校买了零食	50.00	5.50	44.50	
	5月4日	在学校买了本子和零食		4.50	40.00	
第	5月5日	在学校买了零食		3.50	36.50	
一	5月6日	在学校买了饮料和零食		3.50	33.00	
周	5月7日	在学校买了贴纸和零食		4.00	29.00	
	5月8日	在超市买了零食		3.00	26.00	
	5月9日	在超市买了零食		2.00	24.00	
周总计						
	5月10日					

周总计的结算等于当周周日的结算，由此按如下方式给第一周周总计结算单元格编辑公式。

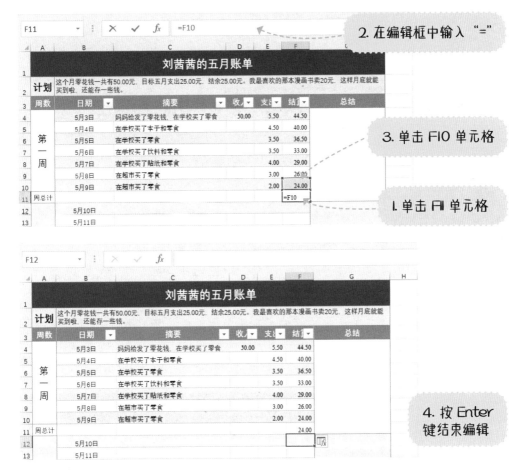

2. 在编辑框中输入 "="

3. 单击 F10 单元格

1. 单击 F11 单元格

4. 按 Enter 键结束编辑

收入（支出）的周总计就是将该周所有的收入（支出）相加，例如第一周收入总计就是第一周周一至周日的所有收入相加。因此可以利用公式下的自动求和功能，先求出第一周收入总计。

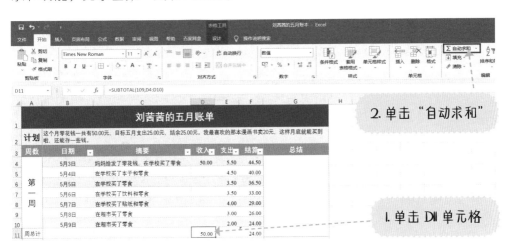

2. 单击 "自动求和"

1. 单击 D11 单元格

用同样的方式求出第一周支出总计。

| E11 | | | | | f_x | =SUBTOTAL(109,E4:E10) | | |

	A	B	C	D	E	F	G	H
1			刘茜茜的五月账单					
2	计划	这个月零花钱一共有50.00元，目标五月支出25.00元，结余25.00元。我最喜欢的那本漫画书卖20元，这样月底就能买到啦，还能存一些钱。						
3	周数	日期	摘要	收入	支出	结算	总结	
4		5月3日	妈妈给发了零花钱，在学校买了零食	50.00	5.50	44.50		
5	第一周	5月4日	在学校买了本子和零食		4.50	40.00		
6		5月5日	在学校买了零食		3.50	36.50		
7		5月6日	在学校买了饮料和零食		3.50	33.00		
8		5月7日	在学校买了贴纸和零食		4.00	29.00		
9		5月8日	在超市买了零食		3.00	26.00		
10		5月9日	在超市买了零食		2.00	24.00		
11	周总计			50.00	26.00	24.00		

这样就填完了第一周的账目情况，根据每天的账目变化及周总计，填写最后的周总结。

刘茜茜的五月账单						
计划	这个月零花钱一共有50.00元，目标五月支出25.00元，结余25.00元。我最喜欢的那本漫画书卖20元，这样月底就能买到啦，还能存一些钱。					
周数	日期	摘要	收入	支出	结算	周总结
第一周	5月3日	妈妈给发了零花钱，在学校买了零食	50.00	5.50	44.50	不知不觉这周花钱太多了，支出远超预期。就在我伤心的时候，妈妈问我要不要帮忙做家务，扫一次地给1.00元，洗一次碗给1.50元，拖一次地给1.50元。接下来就可以通过自己的劳动获得收入啦，还要警示自己克制住零食的诱惑，减少支出。
	5月4日	在学校买了本子和零食		4.50	40.00	
	5月5日	在学校买了零食		3.50	36.50	
	5月6日	在学校买了饮料和零食		3.50	33.00	
	5月7日	在学校买了贴纸和零食		4.00	29.00	
	5月8日	在超市买了零食		3.00	26.00	
	5月9日	在超市买了零食		2.00	24.00	
周总计			50.00	26.00	24.00	
	5月10日					

至此第一周的所有内容都填写完整了。按照第一周的填写方式填写接下来3周的内容。

需要注意的是，后3周的收入（支出）周总计虽然也用自动求和功能填入，但因为自动求和功能默认的求和范围是选中单元格所在列上方的所有数据，所以在后3周求和时要对求和范围进行调整。下面以第二周收入周总计为例讲解调整方法。

2. 单击"自动求和"

1. 单击 D19 单元格

3. 双击 D19 单元格

4. 当光标变为双箭头时按住鼠标左键, 拉动至 D12 单元格

		5月9日	在超市买了零食		2.00	24.00	要警示自己克制住零食的诱惑, 减少支出。
10							
11	周总计			50.00	26.00	24.00	
12		5月10日	扫地一次		1.00	25.00	
13		5月11日	在学校买了铅笔		1.00	24.00	
14	第二周	5月12日	在学校买了零食		1.00	23.00	
15		5月13日	拖地一次	1.50		24.50	
16		5月14日	洗碗一次, 在学校买了零食	1.50	1.00	25.00	
17		5月15日	在学校买了零食		1.00	24.00	
18		5月16日	扫地一次, 拖地一次	2.50		26.50	
19	周总计			6.50			
20		5月17日					
21		5月18日					

5. 按 Enter 键结束编辑

填写完整月账目之后，就要填写月总计。收入（支出）月总计等于收入（支出）周总计求和，由此按如下方式编辑收入月总计单元格公式。

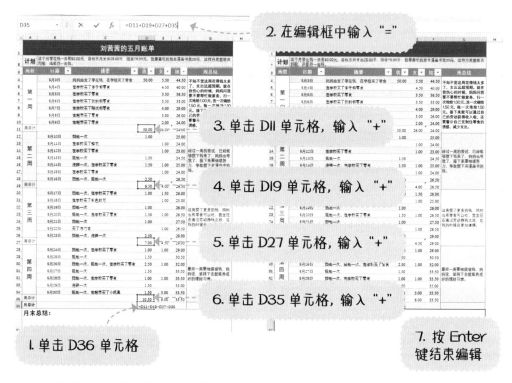

按同样的方式编辑支出月总计单元格公式。

月总计结算其实就是5月30日的结算，但也可以用月总计结算＝月总收入－月总支出再计算一次，来验算月总计结算的结果。根据算式关系按如下方式编辑月总计结算单元格公式。

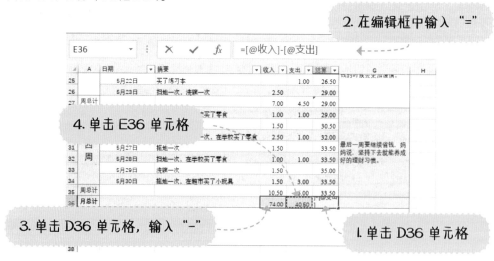

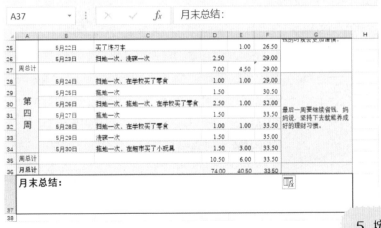

5. 按 Enter 键结束编辑

这样就完成了五月所有账目内容的填写。

账目回顾

当整个五月结束之后，需要填写月末总结，由于数据较多，可以利用数字筛选回顾整个月账目的变化，总结这一个月理财的心得。

比如想回顾支出过大的日期，总结原因。

1. 单击"支出"右侧的下拉三角按钮

2. 选择"数字筛选"

3. 选择"大于或等于"

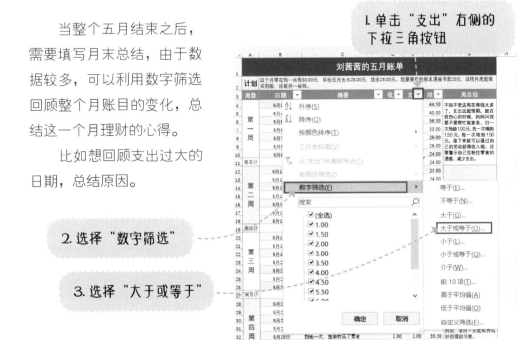

自定义自动筛选方式　　　　　　　　　　　　　　　　　　　　　? ✕

显示行:
支出

| 大于或等于 ▼ | 3 |

4. 输入"3"

● 与(A)　○ 或(O)

可用 ? 代表单个字符
用 * 代表任意多个字符

5. 单击"确定"

确定　　取消

这样支出一栏中只有大于或等于3的行被保留下来。

可以清晰地看到，第一周的支出非常大，大多头了零食，虽然每次花的钱不多，但积累下来就比较多了。这样就能反思，下个月再接再厉。

每次筛选的结果阅览完毕，取消筛选就能恢复表格。

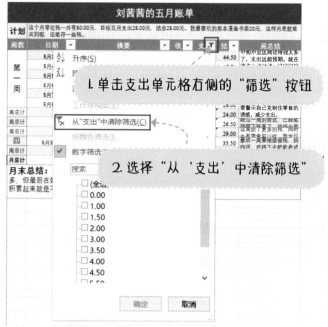

1. 单击支出单元格右侧的"筛选"按钮

2. 选择"从'支出'中清除筛选"

我们还可以选择其他的数据筛选方式，尝试多种数据分析思路。分析之后，将整个月的理财情况进行总结，最后填写月末总结。

刘茜茜的五月账本

计划 这个月零花钱一共有50.00元，目标五月支出25.00元，结余25.00元。我最喜欢的那本漫画书卖20.00元，这样月底就能买到啦，还能存一些钱。

周数	日期	摘要	收入	支出	结算	总结
第一周	5月3日	妈妈给发了零花钱，在学校买了零食	50.00	5.50	44.50	不知不觉这周花钱太多了，支出远超预期。就在我伤心的时候，妈妈问我要不要帮忙做家务，扫一次地给1.00元，洗一次碗给1.50元，拖一次地给1.50元。接下来就可以通过自己的劳动获得收入啦，还要警示自己克制住零食的诱惑，减少支出。
	5月4日	在学校买了本子和零食		4.50	40.00	
	5月5日	在学校买了零食		3.50	36.50	
	5月6日	在学校买了饮料和零食		3.50	33.00	
	5月7日	在学校买了贴纸和零食		4.00	29.00	
	5月8日	在超市买了零食		3.00	26.00	
	5月9日	在超市买了零食		2.00	24.00	
周总计			50.00	26.00	24.00	
第二周	5月10日	扫地一次	1.00		25.00	经过一周的尝试，已经能够攒下钱来了，妈妈也夸我了，接下来要继续努力，争取攒下买漫画书的钱。
	5月11日	在学校买了铅笔		1.00	24.00	
	5月12日	在学校买了零食		1.00	23.00	
	5月13日	拖地一次	1.50		24.50	
	5月14日	洗碗一次，在学校买了零食	1.50	1.00	25.00	
	5月15日	在学校买了零食		1.00	24.00	
	5月16日	扫地一次，拖地一次	2.50		26.50	
周总计			6.50	4.00	26.50	
第三周	5月17日	扫地一次，在学校买了零食	1.00	1.50	26.00	这周攒了更多的钱，同时也有零食可以吃。我发现在通过劳动挣钱之后，花钱的时候会更加谨慎。
	5月18日	在学校买了彩色的笔		1.00	25.00	
	5月19日	扫地一次	1.00		26.00	
	5月20日	拖地一次，在学校买了零食	1.50	1.00	26.50	
	5月21日	扫地一次	1.00		27.50	
	5月22日	买了练习本		1.00	26.50	
	5月23日	扫地一次，洗碗一次	2.50		29.00	
周总计			7.00	4.50	29.00	
第四周	5月24日	扫地一次，在学校买了零食	1.00	1.00	29.00	最后一周要继续省钱，妈妈说，坚持下去就能养成好的理财习惯。
	5月25日	拖地一次	1.50		30.50	
	5月26日	扫地一次，拖地一次，在学校买了零食	2.50	1.00	32.00	
	5月27日	拖地一次	1.50		33.50	
	5月28日	扫地一次，在学校买了零食	1.00	1.00	33.50	
	5月29日	洗碗一次	1.50		35.00	
	5月30日	拖地一次，在超市买了小玩具	1.50	3.00	33.50	
周总计			10.50	6.00	33.50	
月总计			74.00	40.50	33.50	

月末总结： 这是我第一次自己理财。因为有比较多的钱，所以在月初第一周的时候花钱就比较多，但最后在妈妈的鼓励下还是完成了目标，甚至超出了计划目标。虽然每次挣得钱都不多，但积累起来就是不少的钱。我终于可以去买漫画书了！

至此，整个五月账本的制作过程和使用方法就讲解完毕了。

知识拓展

小咪老师，这次任务我们用到的功能还有别的用法吗？

当然有啦，我们可以整理一个知识拓展笔记。

公式

公式是 Excel 中最重要的功能之一，也是实现数据处理最基础的手段。学会公式的运用，对 Excel 的操作就进入了更高的阶段。简单来说，Excel 的公式是对单元格中的值进行计算的等式，所以所有的公式都以输入" = "开始。对公式中的各元素进行运算操作利用的是运算符，运算符包括下面几种。

符号	名称	作用	例子
+	加	计算数据之和	在单元格中输入"=7+9"，按【Enter】键后，单元格中显示"16"
－	减	计算数据之差	在单元格中输入"=17-5"，按【Enter】键后，单元格中显示"12"
*	乘	计算数据的乘积	在单元格中输入"=3*2"，按【Enter】键后，单元格中显示"6"
/	除	计算数据的商	在单元格中输入"=6/3"，按【Enter】键后，单元格中显示"2"
>、<	大于、小于	比较两个数据	若 A1 单元格中为 5，B1 单元格中为 7，在 C1 单元格中输入"=A1>B1"，按【Enter】键后，C1 单元格中显示"FALSE"；若 A1 单元格中为 7，B1 单元格中为 5，在 C1 单元格中输入"=A1>B1"，按【Enter】键后，C1 单元格中显示"TRUE"

除了表中列举的运算符，Excel 中还有其他可用运算符。

筛选

当数据过多时，要想逐个挑选找到需要的数据是非常费时费力的，筛选可以快速找到需要的数据。筛选是提取关键数据的重要手段。

文中通过套用单元格样式给表头加上了筛选功能，仅给单元格加上筛选功能的具体操作如下。

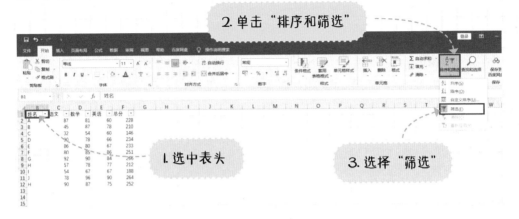

　　Excel 支持的筛选方式包括自动筛选和自定义筛选两大类。

● 自动筛选是通过勾选数据内容，筛选出具有相同内容的数据，如下图所示。

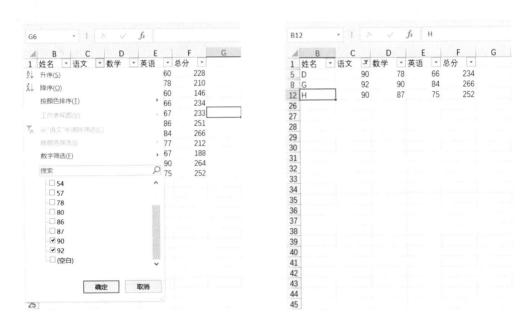

● 自定义筛选是通过设置条件，筛选出符合条件的数据。自定义筛选又包含内容筛选、颜色筛选、数字筛选。本任务使用的就是数字筛选。

● 高级筛选可以设置多个条件，筛选出同时符合每个条件的数据。有兴趣的同学可以自行了解。

 玥玥，你学会怎么制作账本理财了吗？

学会啦，谢谢小咪老师！

 除了以个人为单位制作账本，也可以以家庭为单位制作账本，节省一家人的生活开销。和爸爸妈妈一起，制作一个家庭账本进行理财吧。

好的，小咪老师！

　　一般整个家庭的收入和支出情况比较复杂，制作账本可以让家庭的资金流动更有条理，从而进行科学的理财。

成果评判

制作出一个月的账本——需要加油啦

账本合理、美观、清晰——还不错

熟练地使用公式——就差一点点

通过合理的安排完成省钱目标——非常棒

·任务四·

制作单词记忆表

 小咪老师，最近我学了好多新单词。

 玥玥真棒！玥玥觉得背单词难吗？

 挺难的，而且只能看着书去背。小咪老师有什么好办法吗？

 可以制作一个单词记忆表，我来教你如何制作！

制作单词记忆表
- 做好准备
- 制作词汇表和小测表
- 美化表格
- 在单词表中记忆单词
- 在小测表中检测背诵情况

做好准备

一份完整的单词记忆表包括两部分，一部分是词汇表，一部分是小测表，如下所示。

序号	单词	词性和词义	熟悉程度	随机
1	your	pron.你的；你们的	1	0.453682
2	what	pron.什么	0	0.916869
……	……	……	……	……

序号	题目	作答	答案	批改
1	arm	n.臂	n.臂	1
2	eye	n.身体	n.眼睛	0
……	……	……	……	……

词汇表有5列数据，分别为：序号、单词、词性和词义、熟悉程度和随机，每列数据的含义如下。

●序号：给单词编号的一组数字。

●单词：英语单词。

●词性和词义：英语单词的词性和词义。

●熟悉程度：用数字表示对单词的熟悉程度。

●随机：自动生成的一组数，用来打乱单词的顺序。

小测表也有5列数据，分别为：序号、题目、作答、答案和批改，每列数据的含义如下。

●序号：给题目编号的一组数字。

●题目：只列出单词或只列出词性和词义。

●作答：根据题目填写缺少的单词或词性和词义。

●答案：题目的正确答案。

●批改：根据答案批改作答是否正确，用数字表示批改结果。

制作词汇表和小测表

首先，新建 Excel 表格并制作第一单元词汇表表格框架。

1. 新建一个名为"三年级上册单词记忆表"的工作簿

2. 将工作表重命名为"第一单元"

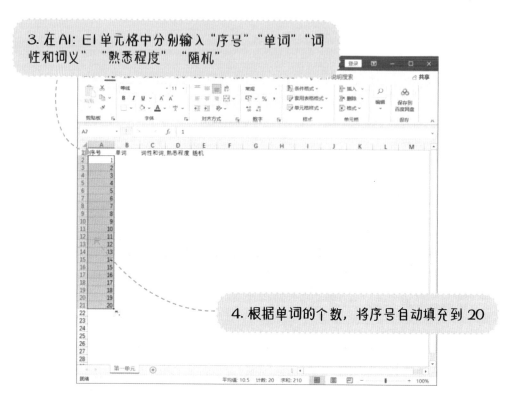

3. 在 A1：E1 单元格中分别输入"序号""单词""词性和词义""熟悉程度""随机"

4. 根据单词的个数，将序号自动填充到 20

将第一单元单词、词性和词义录入表格。

按同样的方式，在新的工作表中制作第二单元的词汇表。

把两个单元的单词汇总到一张工作表中。首先，制作综合词汇表表格的框架。

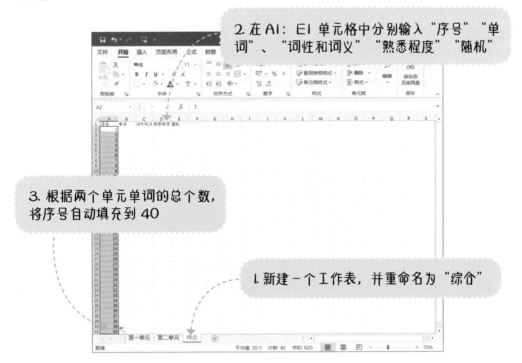

2. 在 A1：E1 单元格中分别输入"序号""单词"、"词性和词义""熟悉程度""随机"

3. 根据两个单元单词的总个数，将序号自动填充到 40

1. 新建一个工作表，并重命名为"综合"

将第一单元和第二单元的单词导入综合词汇表中。

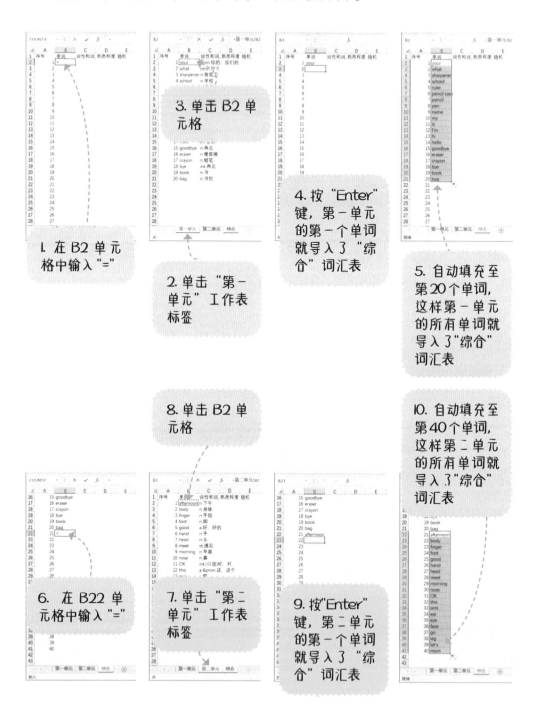

按同样的方法将第一单元和第二单元的词性和词义导入综合词汇表中。

最后，制作小测表表格的框架。

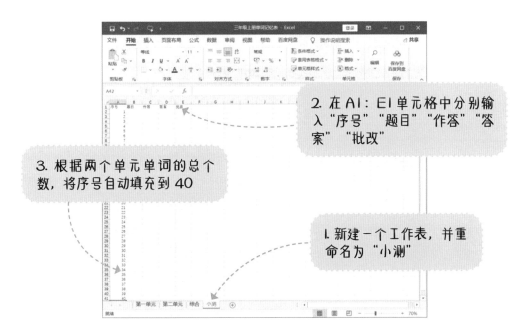

2. 在 A1：E1 单元格中分别输入"序号""题目""作答""答案""批改"

3. 根据两个单元单词的总个数，将序号自动填充到 40

1. 新建一个工作表，并重命名为"小测"

美化表格

首先，给第一单元词汇表套用表格格式。

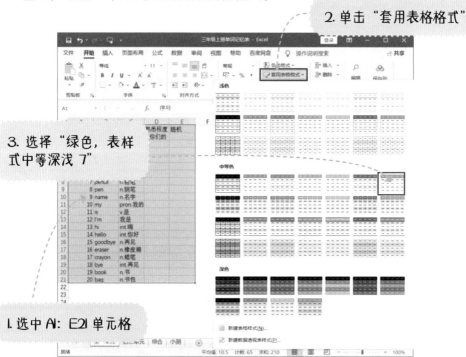

2. 单击"套用表格格式"

3. 选择"绿色，表样式中等深浅 7"

1. 选中 A1: E21 单元格

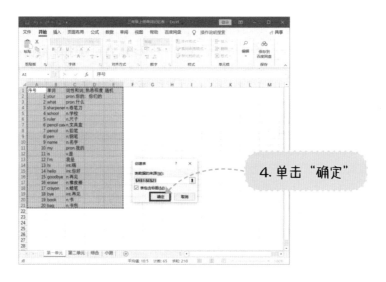

4. 单击"确定"

接下来设置单元格格式。

1. 将 A1：H1 单元格设置为垂直居中和居中；填充"绿色，个性色 6，深色 25%"的颜色；行高设置为 25，并调整列宽至单元格中的内容能完整地显示出来

2. 将 A2：E21 单元格设置为垂直居中和左对齐；行高设置为 18

按同样的方式美化其他表格。

序号	单词	词性和词义	熟悉程度	随机
1	afternoon	n.下午		
2	body	n.身体		
3	finger	n.手指		
4	foot	n.脚		
5	good	a.好；好的		
6	hand	n.手		
7	head	n.头		
8	meet	vt.遇见		
9	morning	n.早晨		
10	nose	n.鼻		
11	OK	int.(口语)好；对		
12	this	a.&pron.这，这个		
13	arm	n.臂		
14	ear	n.耳朵		
15	eye	n.眼睛		
16	face	n.脸		
17	go	vi.去；走		
18	leg	n.腿		
19	let's	让我们		
20	mom	n.(口语)妈妈		

在单词表中记忆单词

查找朗读单元格功能，并将其添加到快速访问工具栏中。

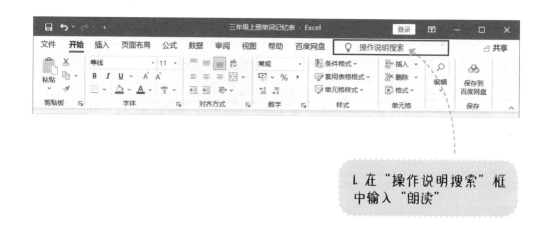

l. 在"操作说明搜索"框中输入"朗读"

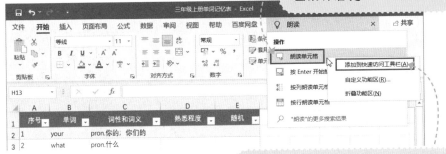

2. 在"朗读单元格"上单击鼠标右键

3. 选择"添加到快速访问工具栏"

这样就能在快速访问工具栏中使用"朗读单元格"功能了。

使用"朗读单元格"功能跟读单词发音。

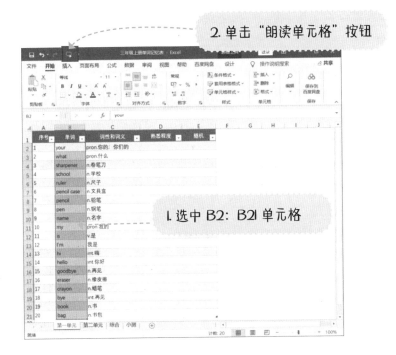

2. 单击"朗读单元格"按钮

1. 选中 B2: B21 单元格

接下来，将每个单词记忆 5 遍，然后填写熟悉度。

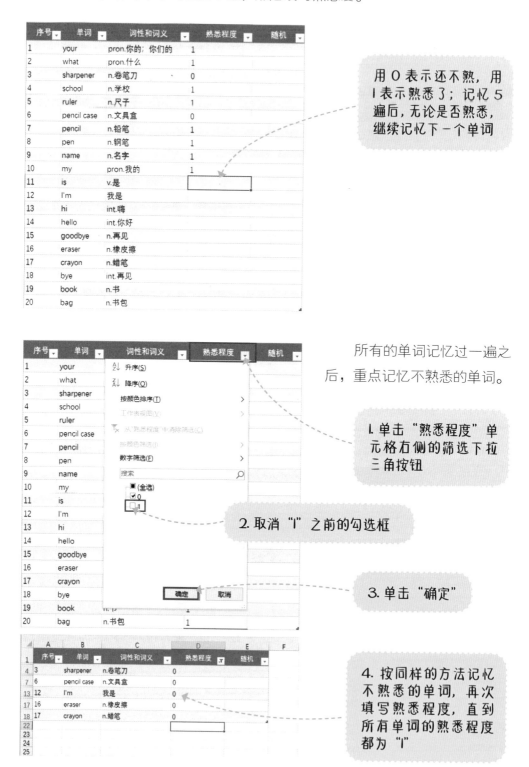

用 0 表示还不熟，用 1 表示熟悉了；记忆 5 遍后，无论是否熟悉，继续记忆下一个单词

序号	单词	词性和词义	熟悉程度	随机
1	your	pron.你的；你们的	1	
2	what	pron.什么	1	
3	sharpener	n.卷笔刀	0	
4	school	n.学校	1	
5	ruler	n.尺子	1	
6	pencil case	n.文具盒	0	
7	pencil	n.铅笔	1	
8	pen	n.钢笔	1	
9	name	n.名字	1	
10	my	pron.我的	1	
11	is	v.是		
12	I'm	我是		
13	hi	int.嗨		
14	hello	int.你好		
15	goodbye	n.再见		
16	eraser	n.橡皮擦		
17	crayon	n.蜡笔		
18	bye	int.再见		
19	book	n.书		
20	bag	n.书包		

所有的单词记忆过一遍之后，重点记忆不熟悉的单词。

1. 单击"熟悉程度"单元格右侧的筛选下拉三角按钮

2. 取消"1"之前的勾选框

3. 单击"确定"

4. 按同样的方法记忆不熟悉的单词，再次填写熟悉程度，直到所有单词的熟悉程度都为"1"

这种记忆方法叫作循环记忆法，玥玥知道这种记忆方法有什么好处吗？

这种记忆方法好像玩游戏，感觉背单词更有趣了。

是的。循环记忆法是一种科学成熟的记忆方法，有效且稳定，能够锻炼记忆力。小朋友，你还知道哪些科学的记忆方法吗？

第5步

在小测表中检测背诵情况

在"随机"列中用公式生成随机数。

序号	单词	词性和词义	熟悉程度	随机
1	your	pron.你的；你们的	1	=RAND()
2	what	pron.什么	1	
3	sharpener	n.卷笔刀	1	
4	school	n.学校	1	
5	ruler	n.尺子	1	
6	pencil case	n.文具盒	1	
7	pencil	n.铅笔	1	
8	pen	n.钢笔	1	
9	name	n.名字	1	
10	my	pron.我的	1	
11	is	v.是	1	
12	I'm	我是	1	
13	hi	int.嗨	1	
14	hello	int.你好	1	
15	goodbye	n.再见	1	
16	eraser	n.橡皮擦	1	
17	crayon	n.蜡笔	1	
18	bye	int.再见	1	
19	book	n.书	1	
20	bag	n.书包	1	

序号	单词	词性和词义	熟悉程度	随机
1	your	pron.你的；你们的	1	0.966535389
2	what	pron.什么	1	0.029428225
3	sharpener	n.卷笔刀	1	0.129829231
4	school	n.学校	1	0.777318508
5	ruler	n.尺子	1	0.762379047
6	pencil case	n.文具盒	1	0.245988738
7	pencil	n.铅笔	1	0.53868678
8	pen	n.钢笔	1	0.225007109
9	name	n.名字	1	0.676907185
10	my	pron.我的	1	0.293945104
11	is	v.是	1	0.577779344
12	I'm	我是	1	0.638405195
13	hi	int.嗨	1	0.92689575
14	hello	int.你好	1	0.912683802
15	goodbye	n.再见	1	0.081820064
16	eraser	n.橡皮擦	1	0.87367156
17	crayon	n.蜡笔	1	0.428931775
18	bye	int.再见	1	0.769194555
19	book	n.书	1	0.56285665
20	bag	n.书包	1	0.550231203

1. 在 E2 单元格中输入"=RAND（）"

2. 按"Enter"键，并将随机公式自动填充到 20 个单词

根据随机数列打乱单词顺序。

序号	单词	词性和词义	熟悉程度	随机
1	your	pron.你的；你们的	1	0.966535389
2	what	pron.什么	1	0.023428225
3	sharpener	n.卷笔刀	1	0.129829231
4	school	n.学校	1	0.777318508
5	ruler	n.尺子	1	0.762379047
6	pencil case	n.文具盒	1	0.245988738
7	pencil	n.铅笔	1	0.53868678
8	pen	n.钢笔	1	0.225007109
9	name	n.名字	1	0.676907185
10	my	pron.我的	1	0.293945104
11	is	v.是	1	0.577779304
12	I'm	我是	1	0.638405195
13	hi	int.嗨	1	0.92689575
14	hello	int.你好	1	0.912683802
15	goodbye	n.再见	1	0.081820064
16	eraser	n.橡皮擦	1	0.87367156
17	crayon	n.蜡笔	1	0.428931775
18	bye	int.再见	1	0.769194555
19	book	n.书	1	0.56285665
20	bag	n.书包	1	0.550231203

I. 单击 E2 单元格并按住鼠标左键不放

2. 将鼠标拖曳至 A2I 单元格后松开鼠标

3. 单击"随机"单元格右侧的下拉三角按钮

4. 选择"升序"

5. 这样单词顺序就被打乱了

将第一单元的单词导入小测表中作为题目。

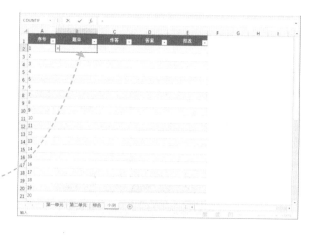

I. 在小测表中，在 B2 单元格输入"="

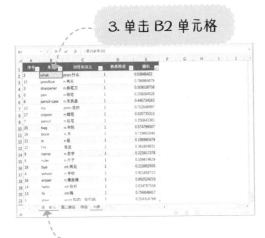

3. 单击 B2 单元格

2. 单击"第一单元"工作表标签

3. 按"Enter"键确认导入，再利用公式自动填充到 B21 单元格，这样第一单元的单词就导入了小测表

在小测表中对第一单元单词的背诵情况进行检测。

1. 根据"题目"列中的单词，在"作答"列中默写出单词对应的词性和词义

2. 将第一单元词汇表中的词性和词义导入小测表的"答案"列

3. 对照"作答"列和"答案"列进行批改，用"1"表示正确，用"0"表示错误

111

筛选出错误的单词，找出错误的原因，再次记忆。

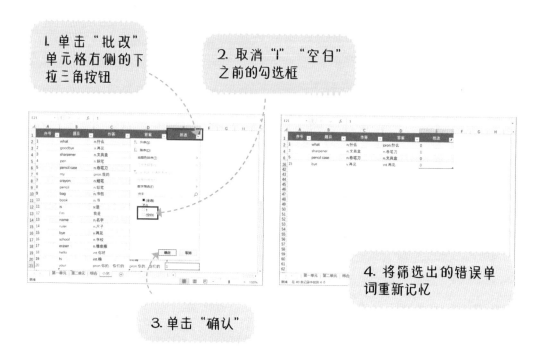

1. 单击"批改"单元格右侧的下拉三角按钮

2. 取消"1""空白"之前的勾选框

3. 单击"确认"

4. 将筛选出的错误单词重新记忆

打乱第一单元的单词顺序，小测表中的单词顺序将自动同步，在小测表中再次检测，直至没有错误。

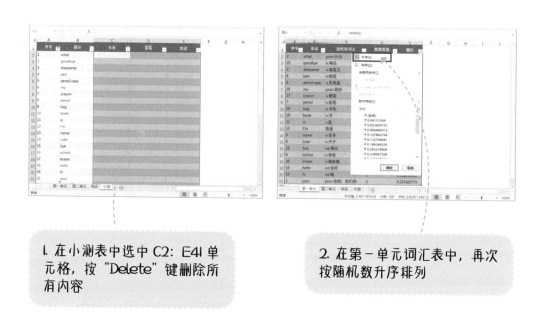

1. 在小测表中选中C2: E41单元格，按"Delete"键删除所有内容

2. 在第一单元词汇表中，再次按随机数升序排列

3. 在小测表中再次测验。

按相同的方法背诵第二单元单词，直至检测没有出现错误。

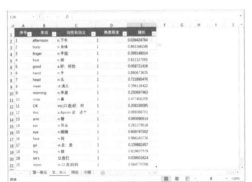
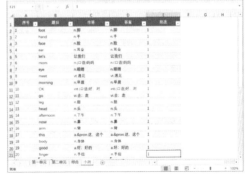

按相同的方法背诵两个单元综合词汇表中的词，直至检测没有出现错误。

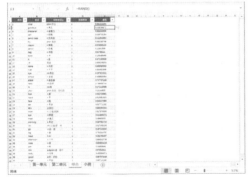
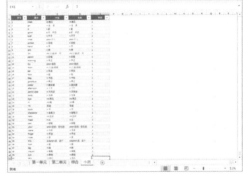

知识拓展

小咪老师，这次任务我们用到的功能还有别的用法吗？

当然有啦，我们可以整理一个知识拓展笔记。

操作说明搜索

只要在操作说明搜索框里输入想要查找的内容，就可以轻松找到对应的功能并使用，当我们找不到某项功能时，利用操作说明搜索进行查找非常便捷。

自定义快速访问工具栏

可以将命令按钮添加到快速访问工具栏中。一般情况下，快速访问工具栏有"保存"按钮、"撤销键入"按钮和"恢复键入"按钮，除此之外，还可以添加"朗读"按钮、"拼写检查"按钮、"快速打印"按钮等。

朗读单元格

Excel 拥有"朗读单元格"功能，可以自动朗读英文和中文，当遇到不会的英文单词或中文词语时就可以使用"朗读单元格"功能学习发音。

玥玥，你学会怎么制作单词记忆表了吗？

学会啦，谢谢小咪老师！

这个方法除了用于背单词，还可以用于背成语，和爸爸妈妈一起制作一个成语记忆表来攻克不熟悉的成语吧。

好的，小咪老师！

制作成语记忆表，将学过的成语及成语的意思录入表格中，背诵之后进行小测，让我们记住更多的成语吧！

成果评判

完整地制作成语记忆表并美化——需要加油啦
用朗读单元格功能掌握所有成语的发音——还不错
利用筛选功能攻克不熟悉的成语——就差一点点
小测全答对了——非常棒

制作班级成绩统计分析单

小咪老师，这学期的期末考试考完啦。

真棒，玥玥考得怎么样呀？

都超过80分了，但我不知道这个成绩是好是坏，小咪老师有什么办法吗？

可以制作一个班级成绩统计分析单，比较一下最高分、最低分及平均分等数据，你就可以知道自己的成绩处于什么水平了。我准备了一个案例教你如何做。

做好准备

创建班级成绩统计表并录入数据

求出每个人的总成绩并进行排名

制作班级成绩统计分析单

创建成绩分析表并使用常用函数

插入数据透视图

美化表格

做好准备

一份完整的班级成绩统计分析单主要包含以下部分。

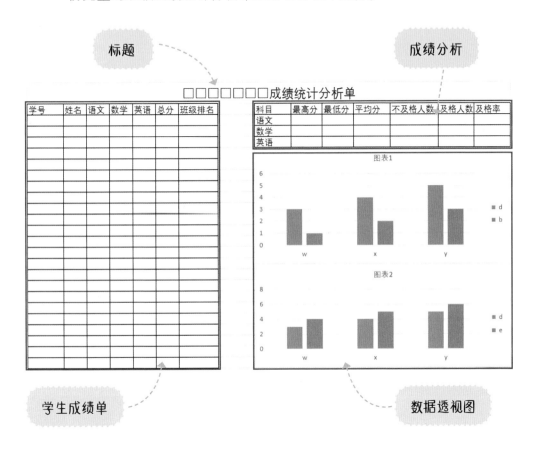

● 标题：标题代表了整个表格的功能。

● 学生成绩单：收集来的学生成绩列成的表单。

● 成绩分析：根据成绩单列出各科成绩的最高分、最低分、平均分、不及格人数、及格人数、及格率等信息。

● 数据透视图：使用数据透视图将成绩分析部分的数据可视化。

　　在制作班级成绩统计分析表之前，需要先统计同学们的成绩。

玥玥知道在统计成绩时最重要的是什么吗？

我知道！要记录准确，确保统计到每个人。

不是哦，每个人的成绩都属于个人隐私，所以在询问同学的成绩时，一定要先征得他人的同意，如果别人不同意一定不能强求。而且，只统计部分同学的成绩也可以完成分析单，得出的结论同样有很高的参考价值。小朋友，你还知道在统计成绩时要注意什么吗？

创建班级成绩统计表并录入数据

首先，新建一个名为"三年级一班下半学期期末成绩统计分析单"的工作簿。

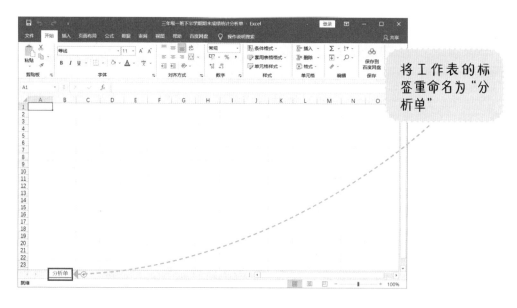

将工作表的标签重命名为"分析单"

在工作表中制作班级成绩统计分析单的标题。

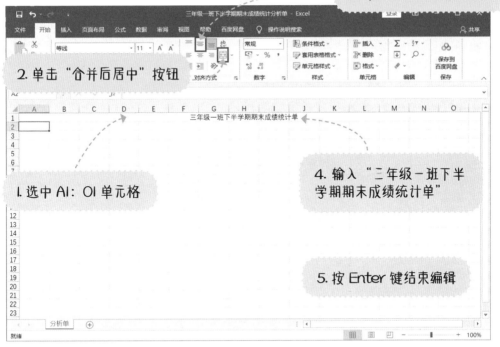

3. 单击"垂直居中"按钮

2. 单击"合并后居中"按钮

1. 选中 A1：O1 单元格

4. 输入"三年级一班下半学期期末成绩统计单"

5. 按 Enter 键结束编辑

接下来制作学生成绩单。

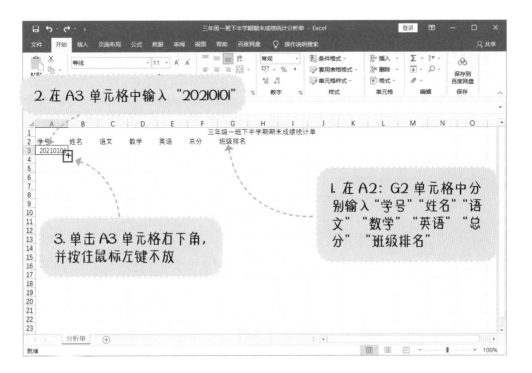

2. 在 A3 单元格中输入"2021O1O1"

1. 在 A2：G2 单元格中分别输入"学号""姓名""语文""数学""英语""总分""班级排名"

3. 单击 A3 单元格右下角，并按住鼠标左键不放

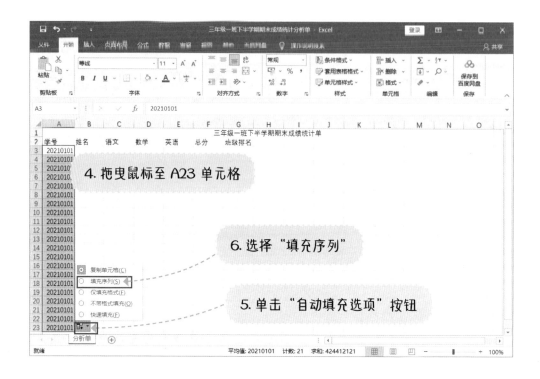

在学生成绩单中录入所有同学的成绩。

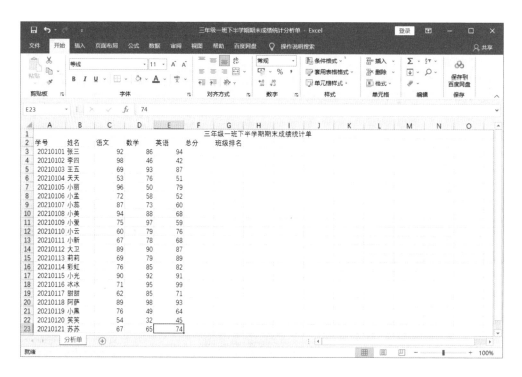

第3步

求出每个人的总成绩并进行排名

首先，算出每位同学的总分。

2. 单击"自动求和"按钮

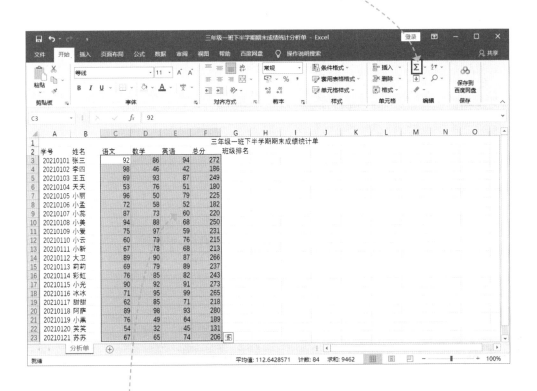

1. 选中 C3:F23 单元格

按总分由高到低给同学们排序。

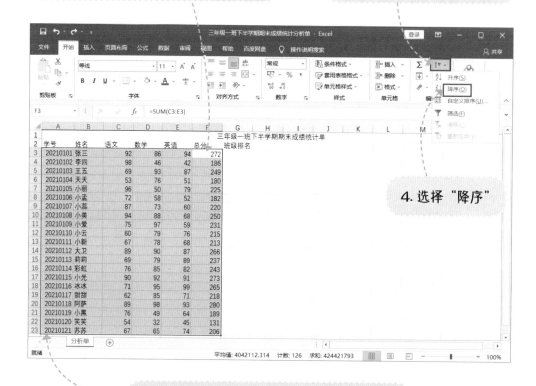

1. 单击 F3 单元格并按住鼠标左键不动

3. 单击"排序和筛选"按钮

4. 选择"降序"

2. 拖动鼠标至 A23，选中 F3: A23 单元格

小咪老师，为什么这里要从右上角拖曳到左下角？

因为我们要根据总分进行排序，"降序"默认会按照第一个选中的单元格所在列进行降序排列，所以要从总分一列开始选择。

在班级排名一栏中填入每位同学的名次。

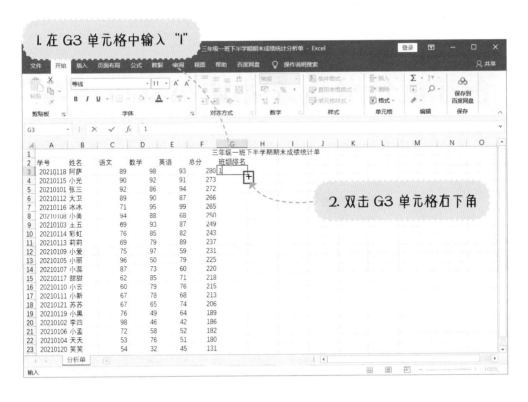

1. 在 G3 单元格中输入"1"

2. 双击 G3 单元格右下角

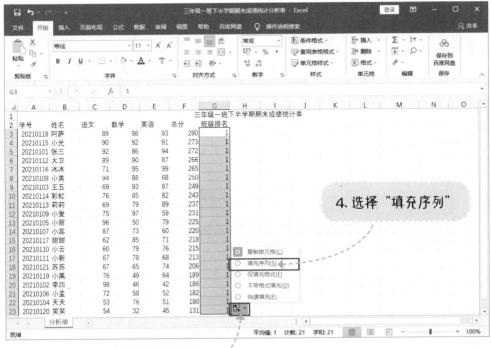

3. 单击"自动填充选项"按钮

4. 选择"填充序列"

第4节

创建成绩分析表并使用常用函数

首先，创建成绩分析表。

> 2. 双击 M 列和 N 列列标之间的网格线

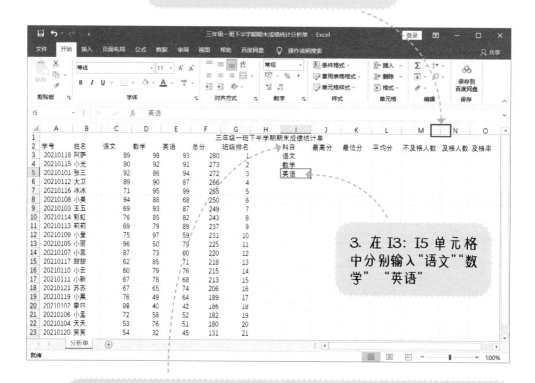

> 3. 在 I3: I5 单元格中分别输入"语文""数学""英语"

> 1. 在 I2: O2 单元格中分别输入"科目""最高分""最低分""平均分""不及格人数""及格人数""及格率"

使用 MAX 函数求出语文成绩的最高分。

> 小咪老师，什么是函数啊？

函数是一种比较难的数学计算，但是可以实现非常多的功能。例如，只需要把数据圈出来，使用MAX函数之后，Excel就会自动在我们指定的单元格里显示圈出来的数据中的最大值。

2. 单击"公式"

3. 单击"插入函数"

1. 选中 J3 单元格

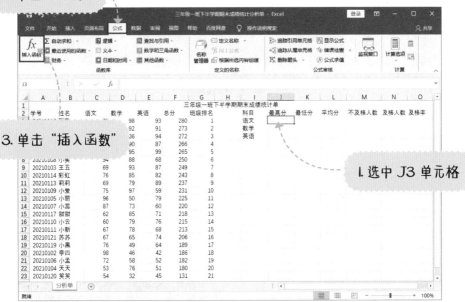

4. 在搜索函数栏中输入"MAX"

5. 单击"转到"

6. 单击"确定"

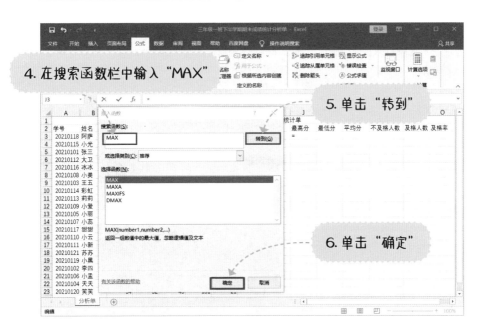

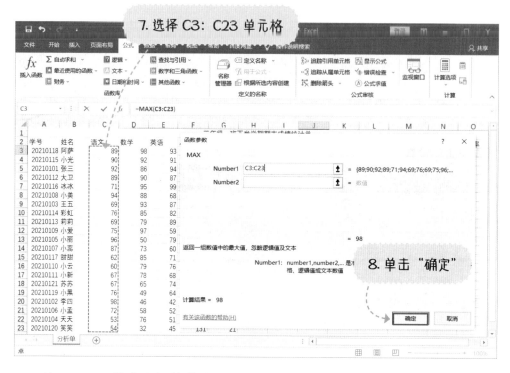

使用 MAX 函数求出数学成绩的最高分。

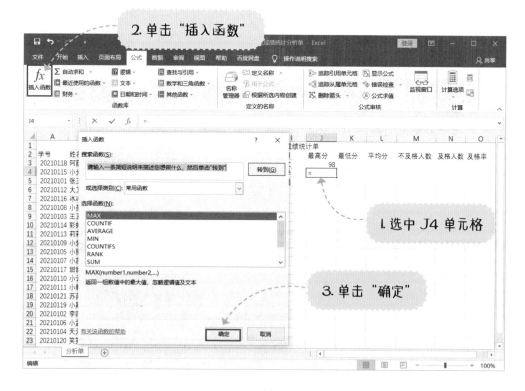

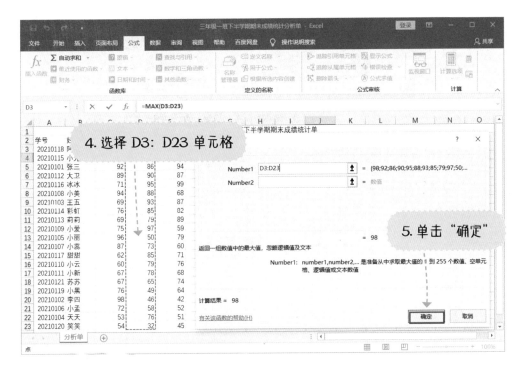

使用 MAX 函数求出英语成绩的最高分。

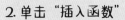

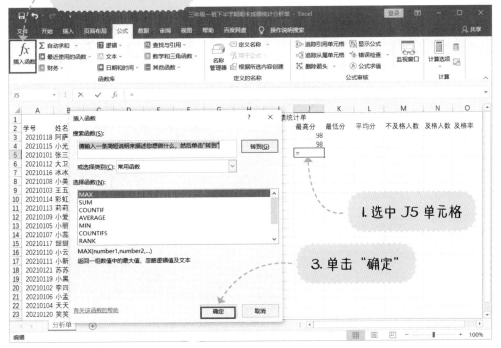

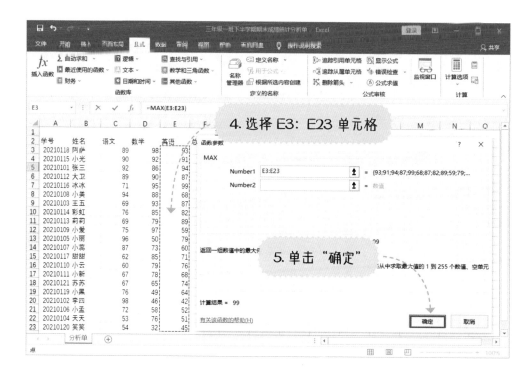

使用 MIN 函数求出语文成绩的最低分。

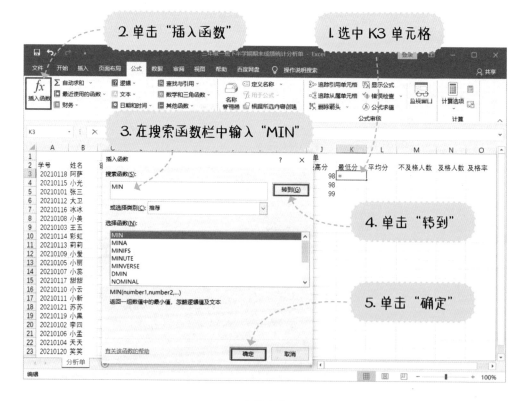

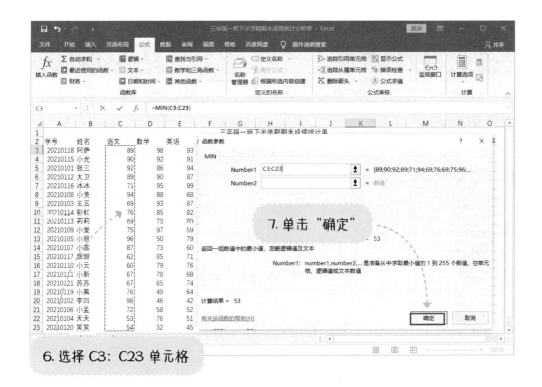

6. 选择 C3: C23 单元格

使用 MIN 函数求出数学成绩的最低分。

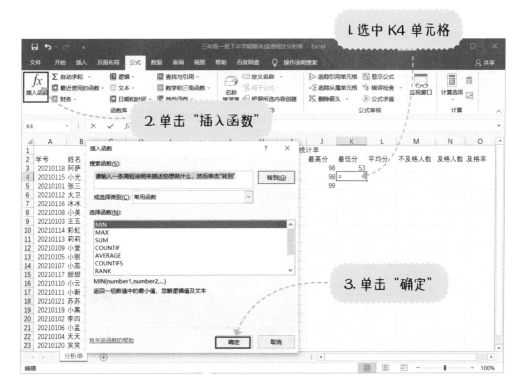

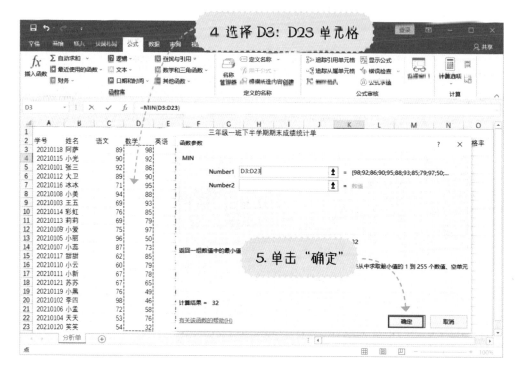

使用 MIN 函数求出英语成绩的最低分。

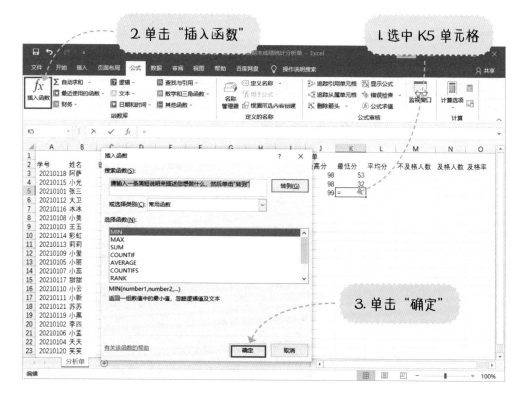

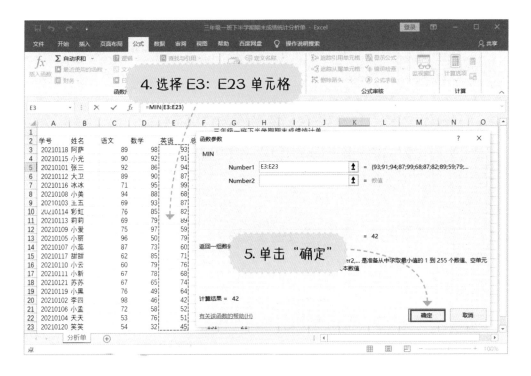

使用 AVERAGE 函数求出语文成绩的平均分。

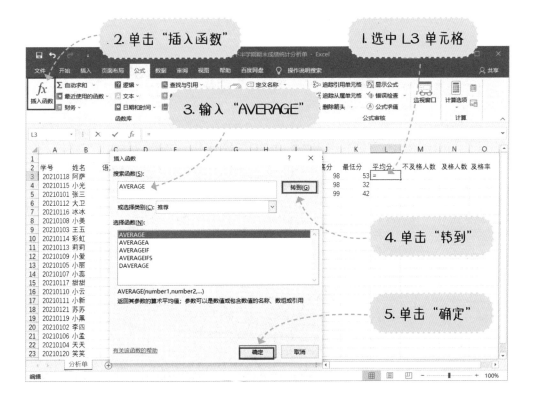

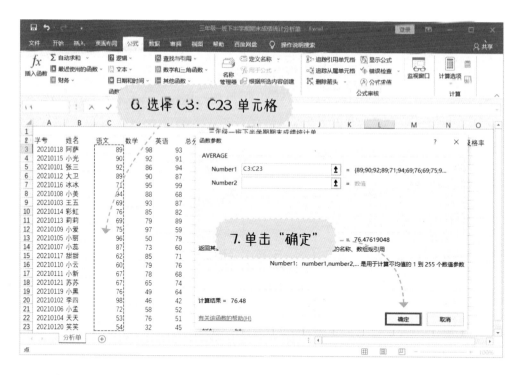

使用 AVERAGE 函数求出数学成绩的平均分。

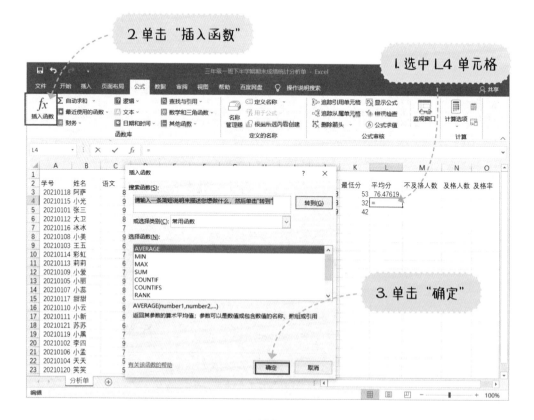

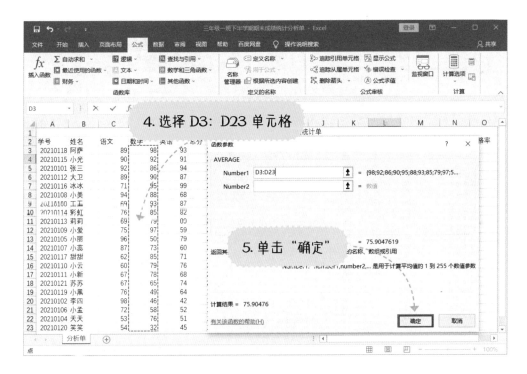

使用 AVERAGE 函数求出英语成绩的平均分。

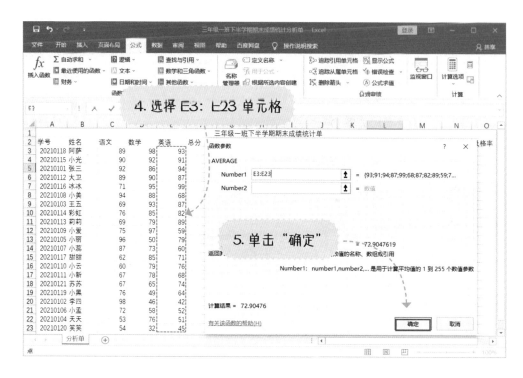

4. 选择 E3：E23 单元格

5. 单击"确定"

将平均分一栏中的数值设置成两位小数。

1. 选中 L3：L5 单元格

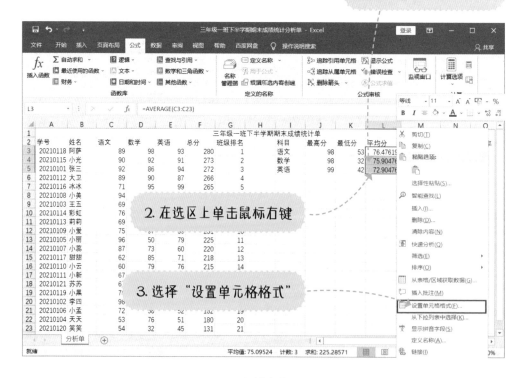

2. 在选区上单击鼠标右键

3. 选择"设置单元格格式"

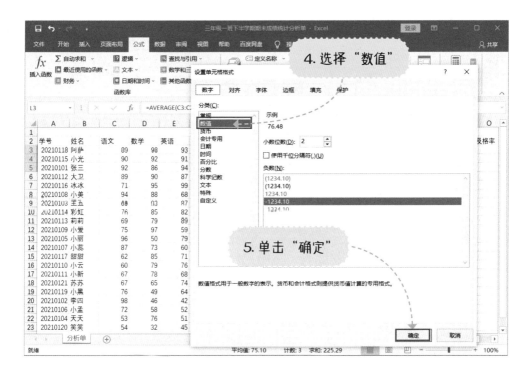

使用 COUNTIFS 函数求出语文成绩不及格的人数。

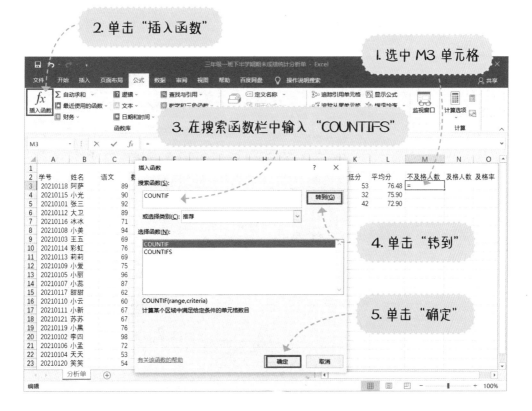

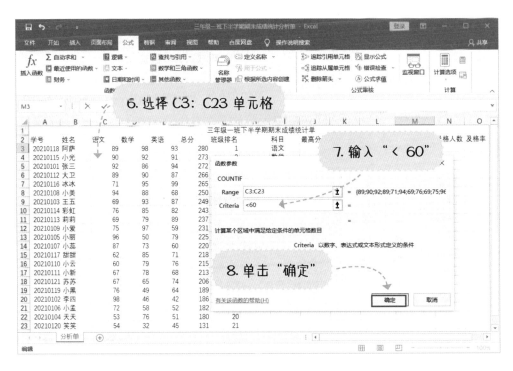

使用 COUNTIFS 函数求出数学成绩不及格的人数。

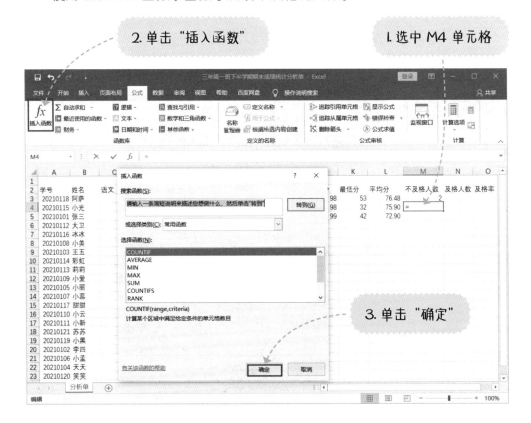

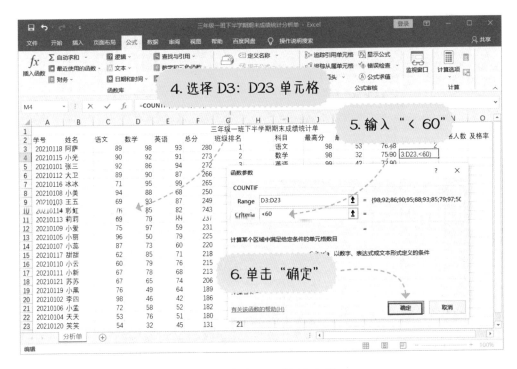

使用 COUNTIFS 函数求出英语成绩不及格的人数。

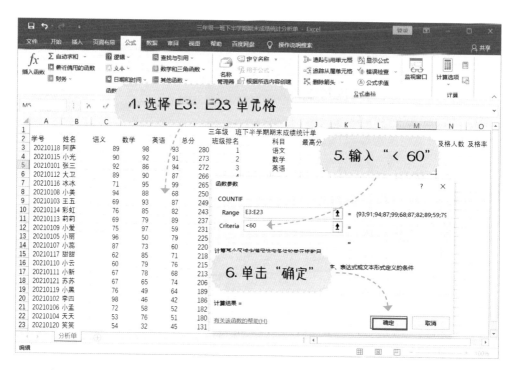

使用 COUNTIFS 函数求出语文成绩及格的人数。

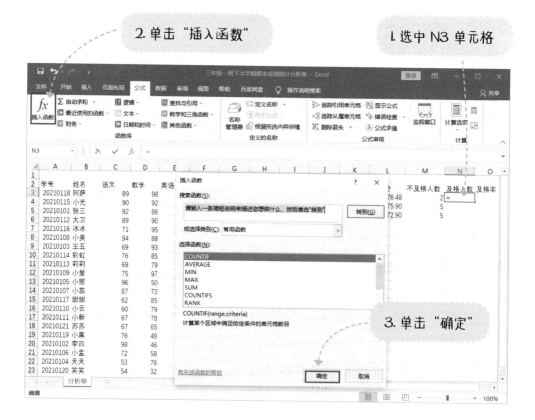

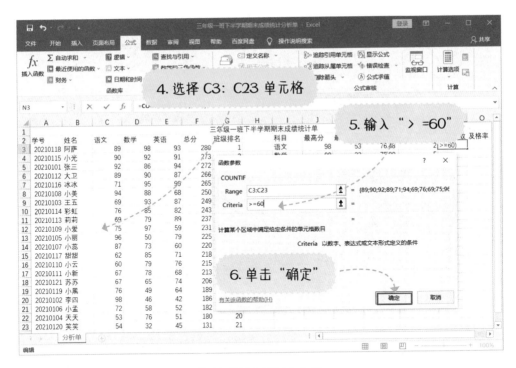

使用 COUNTIFS 函数求出数学成绩及格的人数。

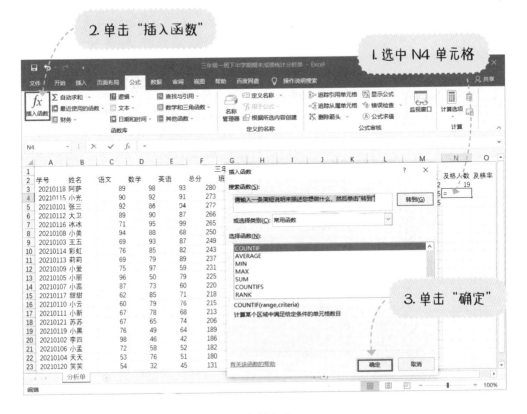

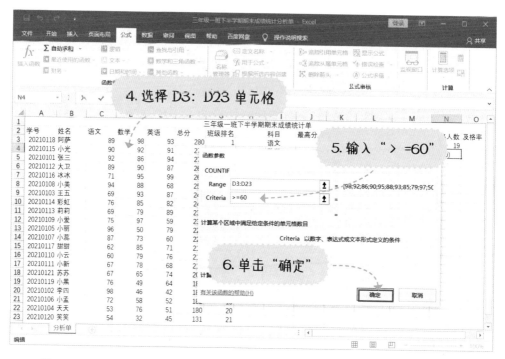

使用 COUNTIFS 函数求出英语成绩及格的人数。

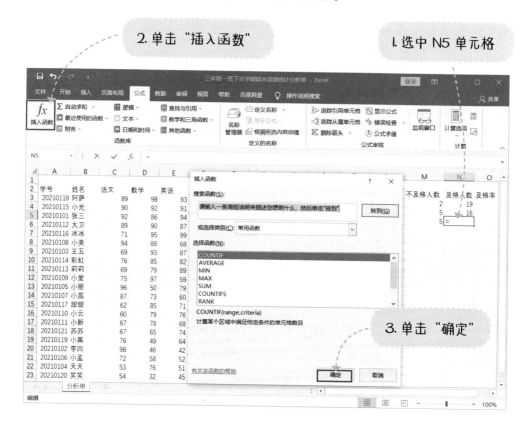

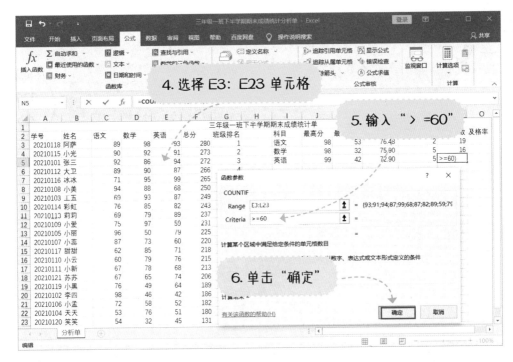

利用公式算出各科的及格率。

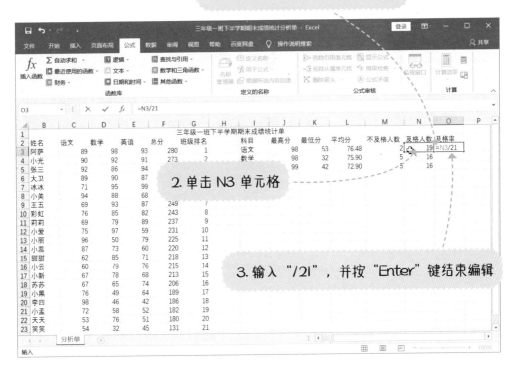

小咪老师，上面这些操作都是什么意思呀？

首先，要知道及格率＝及格人数÷总人数，所以在代表及格率的单元格中输入 "=及格人数/总人数"，其中，单击及格人数对应的单元格就能引用里面的数据，在计算机中用 "/" 代表除法，21是这个案例中的总人数。

4. 单击 O3 单元格右下角并按住鼠标不放

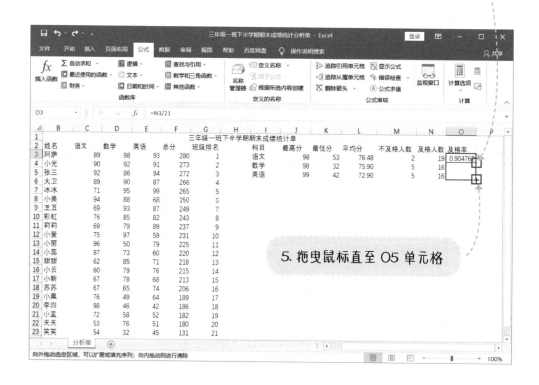

5. 拖曳鼠标直至 O5 单元格

将及格率设置为百分比格式。

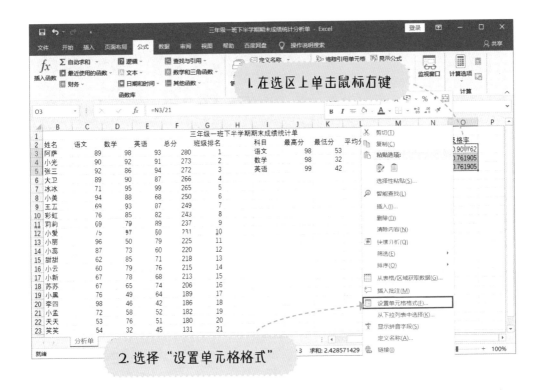

1. 在选区上单击鼠标右键

2. 选择"设置单元格格式"

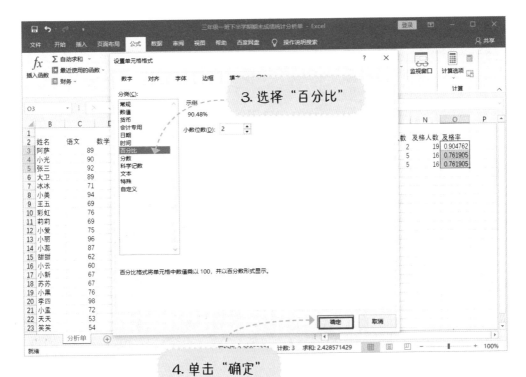

3. 选择"百分比"

4. 单击"确定"

插入数据透视图

插入数据透视图来比较各科的最高分和最低分。

2. 单击"插入"

3. 单击"数据透视图"

1. 选中 I2: O5 单元格

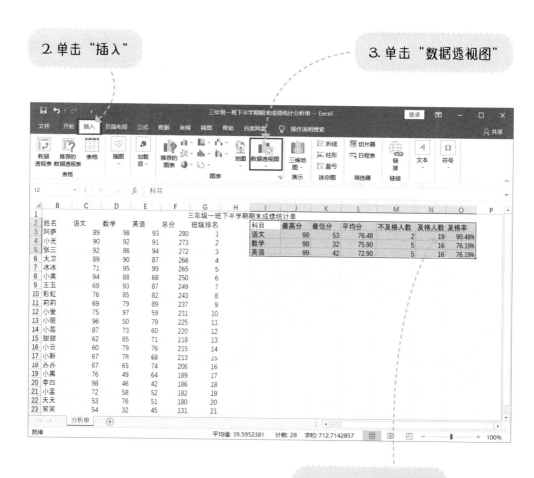

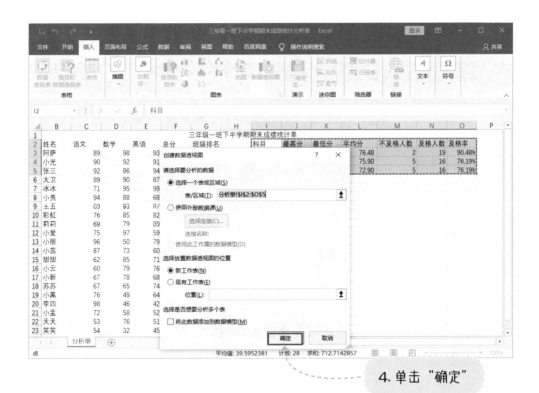

4. 单击"确定"

5. 将生成的工作表的标签重命名为"最高最低分"

把表格中需要对比的数据放到数据透视图上生成柱形图。

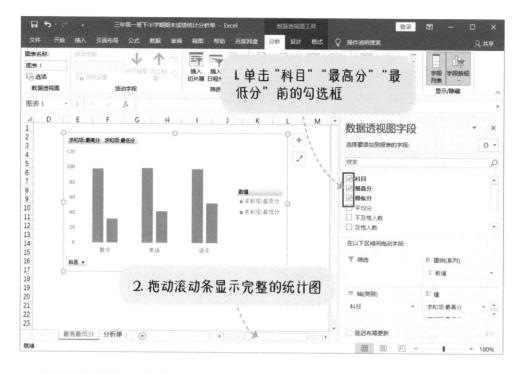

设置数据透视图样式。

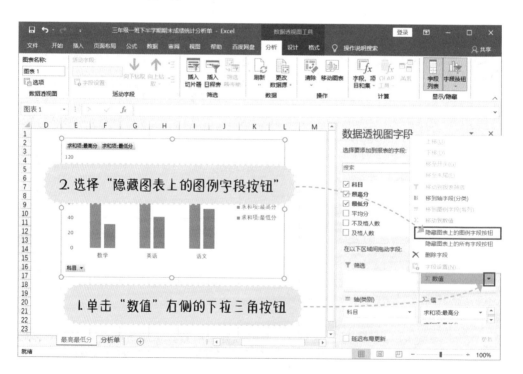

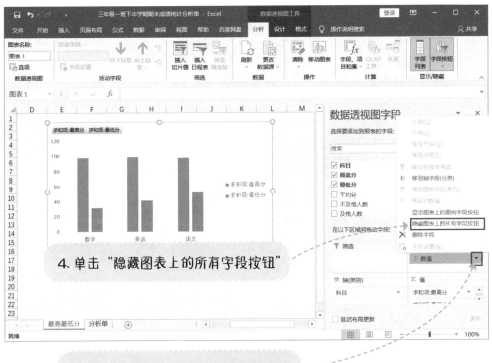

4. 单击"隐藏图表上的所有字段按钮"

3. 单击"数值"右侧的下拉三角按钮

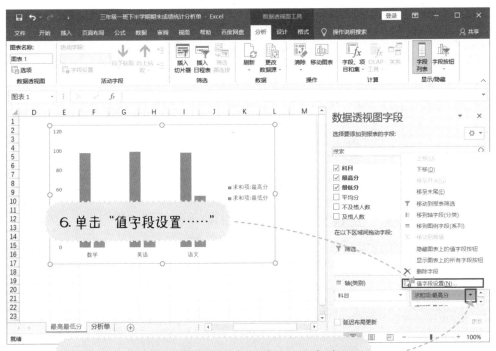

6. 单击"值字段设置……"

5. 单击"求和项：最高分"右侧的下拉三角按钮

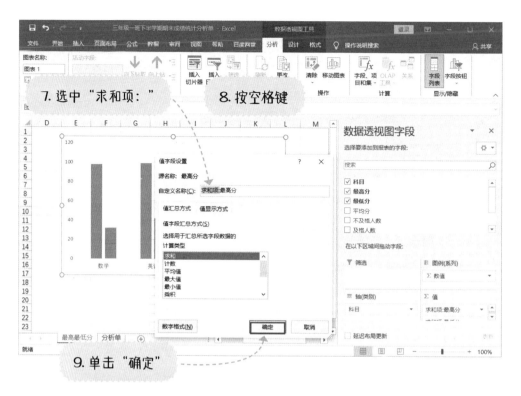

7. 选中"求和项:"

8. 按空格键

9. 单击"确定"

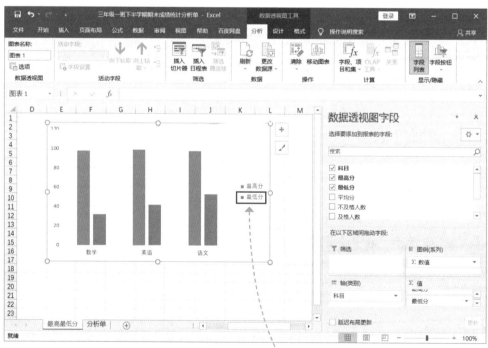

10. 按同样的操作将最低分前的"求和项:"改为一个空格

给柱形图加上标题。

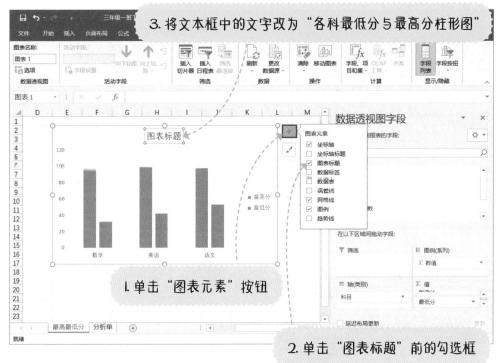

3. 将文本框中的文字改为"各科最低分与最高分柱形图"

1. 单击"图表元素"按钮

2. 单击"图表标题"前的勾选框

更改柱形图的类型。

1. 单击"设计"

2. 单击"更改图表类型"

3. 单击"堆积柱形图"

4. 单击"确定"

将柱形图复制到"分析单"工作表中。

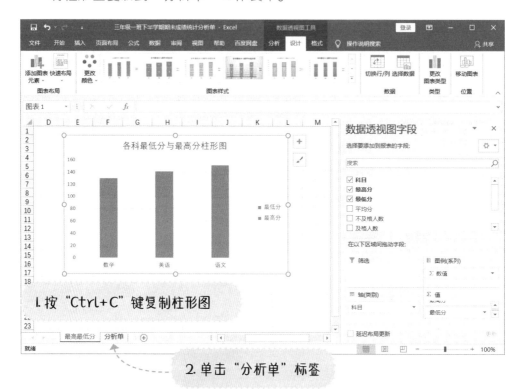

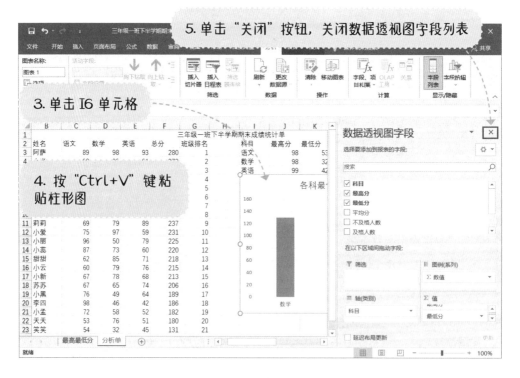

按同样的方式制作各科的不及格人数和及格人数的柱形图，可以不改变柱形图的样式。

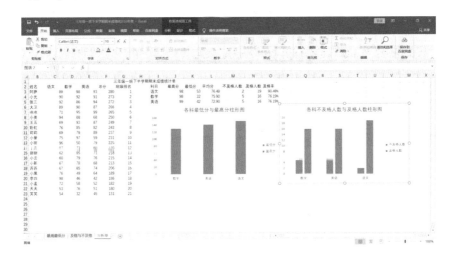

美化表格

设置班级成绩统计分析单标题的样式。

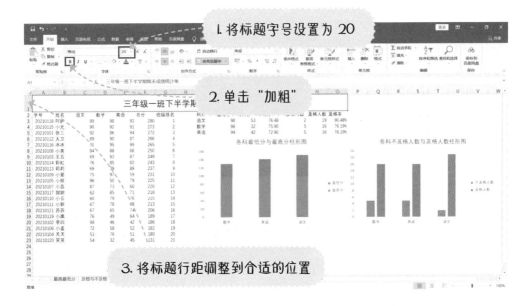

1. 将标题字号设置为 20

2. 单击"加粗"

3. 将标题行距调整到合适的位置

给学生成绩单套用表格格式并取消筛选。

3. 单击"排序和筛选"

4. 单击"筛选"

2. 单击 A2 单元格

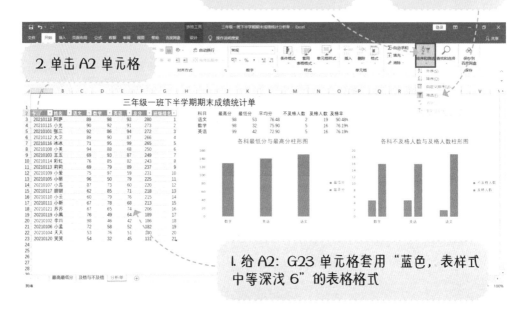

1. 给 A2：G23 单元格套用"蓝色，表样式中等深浅 6"的表格格式

设置成绩分析表的样式。

1. 将 I2：O2 单元格填充为"绿色，个性色 6，深色 20%"，将单元格中的文字颜色改为"白色，背景 1"，并设置文字加粗

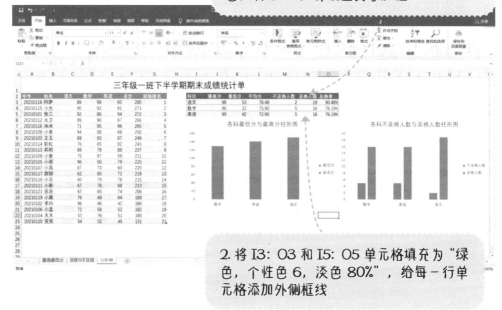

2. 将 I3：O3 和 I5：O5 单元格填充为"绿色，个性色 6，淡色 80%"，给每一行单元格添加外侧框线

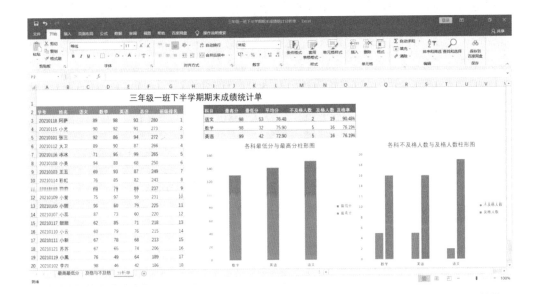

3. 将第 2 行至第 23 行的行高设置为 20

调整柱形图的大小和位置。

单击柱形图右下角的控制点，并按住鼠标左键不放，
拖曳鼠标就能调整透视图的大小

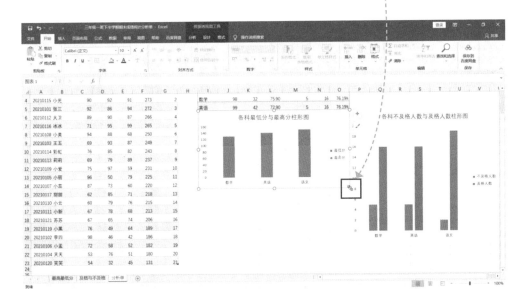

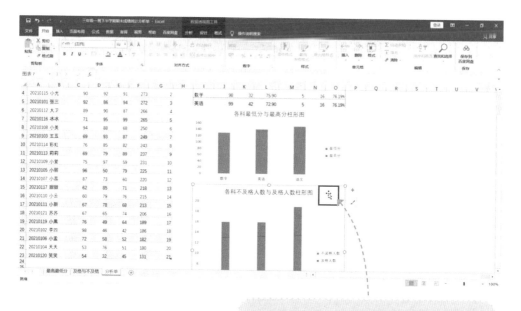

单击柱形图上的空白位置并按住鼠标左
键不放，调整柱形图位置

这样班级成绩统计分析单就制作完成了。

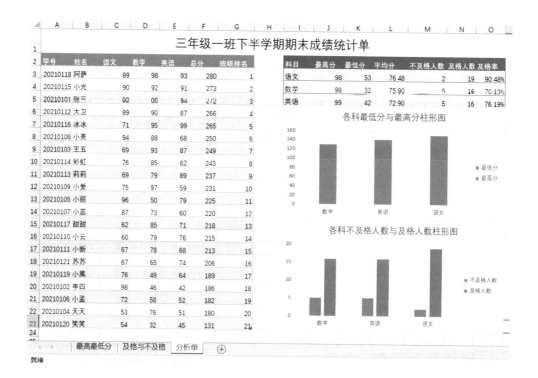

知识拓展

小咪老师，这次任务我们用到的功能还有别的用法吗？

当然有啦，我们可以整理一个知识拓展笔记。

排序

如果需要让一组数据有序排列，就可以使用 Excel 的排序功能。"升序"可以让数据由最低到最高进行排列，"降序"可以让数据由最高到最低进行排列。

函数

函数是 Excel 中预定义的公式，可以实现许多复杂的功能。除了本任务用到函数，Excel 中还有许多函数，比如 IF 函数可以筛选数据、SUM 函数可以对数据进行求和、SUMIF 函数可以按条件对数据进行求和、DATEDIF 函数可以计算年龄等。

数据透视图

当统计数据只在表格中显示时，我们很难直观地看到数据之间的关系，这时就需要制作统计图。数据透视图可以直接引用表格中的数据制图，如果原始数据发生更改，则可以更新数据透视图。数据透视图是将数据可视化的非常有用的工具。

玥玥，你学会怎么制作班级成绩统计分析单了吗？

学会啦，谢谢小咪老师！

针对最近一次考试，和爸爸妈妈一起制作一个自己班级的成绩统计分析单吧。

好的，小咪老师！

　　收集班级所有同学最近一次全科考试的成绩，独立制作一份自己班级的成绩统计分析单，掌握班级考试成绩概况。

成果评判

将所有成绩录入了表格——需要加油啦

计算了所有同学的总分并完成排名——还不错

使用函数完成班级成绩分析——就差一点点

制作出分析数据的数据透视图且对成绩统计分析单进行美化——非常棒

图书在版编目（CIP）数据

儿童Office+Photoshop第一课. Excel篇 / 王晓芬, 李矛, 高博编著；草涂社绘. -- 北京：电子工业出版社, 2023.6

ISBN 978-7-121-45540-7

Ⅰ.①儿… Ⅱ.①王… ②李… ③高… ④草… Ⅲ.①办公自动化 – 应用软件 – 儿童读物②表处理软件 – 儿童读物 Ⅳ.①TP317.1-49②TP391.13-49

中国国家版本馆CIP数据核字（2023）第078804号

责任编辑：邢泽霖

印　　刷：中国电影出版社印刷厂
装　　订：中国电影出版社印刷厂
出版发行：电子工业出版社
　　　　　北京市海淀区万寿路173信箱　邮编：100036
开　　本：889×1194　1/16　　印张：32.5　字数：526千字
版　　次：2023年6月第1版
印　　次：2023年6月第1次印刷
定　　价：198.00元（全4册）

　　凡所购买电子工业出版社图书有缺损问题，请向购买书店调换。若书店售缺，请与本社发行部联系，联系及邮购电话：（010）88254888，88258888。

　　质量投诉请发邮件至zlts@phei.com.cn，盗版侵权举报请发邮件至dbqq@phei.com.cn。

　　本书咨询联系方式：（010）88254161转1860，jimeng@phei.com.cn。